au Pays Dévasté
ANVERS
ETABᵗ VAN OS - DE WOLF, ÉDITEUR
RUE DE BOM, 49-51

AU PAYS DÉVASTÉ.

AU PAYS DÉVASTÉ

LA CALABRE ET LA SICILE

par JULES TELLIER.

ETABt VAN OS - DE WOLF, ÉDITEUR
RUE DE BOM, 49-51
ANVERS

Au Lecteur.

Au lendemain des premières nouvelles, toute l'étendue du désastre sicilien étant connue, une idée avait surgi à notre esprit : il faut faire un livre de cette effrayante aventure de la terre et de l'eau s'acharnant à détruire des villes enchanteresses ; il faut en conserver la mémoire, recueillir les renseignements les plus complets, s'attacher à la trace des grands chroniqueurs envoyés en Italie, — afin que le public possède un souvenir achevé de la plus effroyable des catastrophes qui puissent endolorir et ruiner la pauvre humanité.

Notre tâche est terminée. Le livre est fait. Nos lecteurs, en le feuilletant, auront l'impression que nous n'avons rien épargné pour le rendre aussi intéressant que possible. Les nombreuses illustrations qui ornent l'ouvrage et en complètent le texte ont toutes été prises sur les lieux de la catastrophe.

Une dernière considération qui fera favorablement accueillir notre chronique par le public est celle-ci : « Au Pays dévasté » est vendu au profit des sinistrés de la Calabre et de la Sicile.

X. DE L'E.

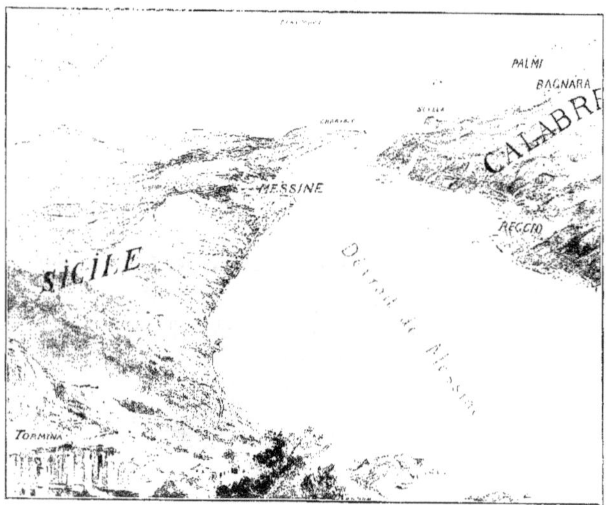

Vue à vol d'oiseau des contrées ravagées.

I.

La terre tremble ! Premières dépêches.

Lundi, 28 décembre 1908, nous recevions, au soir, ces premières dépêches.

Palerme, 28 déc. — Le bruit court que les secousses de tremblement de terre auraient causé des dégâts très importants à Messine. Jusqu'à présent, on n'a pas encore confirmation de ce bruit.

Rome, 28 déc. — 6 h. 30 soir. — Le ministère de l'Intérieur a été informé que les tremblements de terre auraient causé de sérieux dégâts à Messine. Des mesures ont été prises pour que des troupes nombreuses y soient envoyées en vue d'organiser les secours.

Palmi, 28 déc. — Le tremblement de terre qui sest produit ce matin, a fait s'écrouler de nombreuses maisons et se lézarder beaucoup d'autres. Il y aurait de nombreuses victimes.

Rome, 28 déc. — Les dernières nouvelles parvenues de Messine disent que les deux tiers de la ville ont été détruits par le tremblement de terre.

La dernière dépêche seulement était grave. Mais qui pouvait prévoir l'étendue du désastre ? Le lendemain, les télégrammes affluaient, pressés, brefs, tragiques — ou longs, semblant quelque page d'un atroce roman d'aventures.

Messine détruite. Reggio de Calabre anéanti.

DE Porto Santa Vonero : « Les détails manquent sur l'état de Messine. Seulement, on sait que la ville est en partie détruite.

Le bruit court qu'il y aurait des milliers de morts. Ces nouvelles toutefois ne peuvent pas encore être contrôlées.

On prétend que le désastre s'aggrave de l'incendie qui aurait éclaté à la suite d'une explosion de gaz.

La mer ayant inondé beaucoup de rues, les ayant couvertes de boue, a rendu plus difficile le sauvetage. Les mourants et les blessés se trouvent sous les décombres.

A ce moment encore, on n'était pas instruit exactement. une dépêche disait :

Les mêmes régions qu'en 1905 sont éprouvées ; cependant le nombre des victimes est moindre parce que les secousses ont été moins longues.

Peu après, l'on pouvait jeter un premier coup d'œil panoramique sur la Sicile et la Calabre dévastées. On lisait, en effet, au fur et à mesure :

Les nouvelles reçues de Reggio de Calabre annoncent que Reggio a subi le même sort que Messine. Les bureaux du télégraphe et du téléphone sont détruits.

Rome, 29 déc. — Il semble que tout ce phénomène sismique ait eu son point de départ dans les abimes de la mer. Celle-ci grossit tout-à-coup, des vagues terribles détruisirent tout sur leur passage. Les secousses suivirent presque immédiatement le raz-de-marée. Elles furent au nombre de trois, deux en sens dilatoire, une en sens giratoire. La rigueur excessive de la température et une pluie torrentielle aggravèrent encore le désastre. Les villes et les côtes de Calabre et de Sicile furent dévastées. Des bourgades entières furent détruites. Les voies des railways furent emportées. Des tunnels s'écroulèrent. La terreur et l'angoisse des populations sont indescriptibles.

Le gouvernement reçut par radio-télégrammes des nouvelles de Messine disant qu'il y a des milliers de victimes. Les vagues produites par le raz-de-marée étaient formidables. La plupart des casernes s'écroulèrent. De nombreux soldats et le général Costa furent tués.

Des renseignements pris aux autres sources disent

6

Catane.   Panorama avec l'Etna   Photo Brogi.

qu'on est sans nouvelles de 10 torpilleurs qui étaient amarrés aux quais de Messine.

L'incendie dévore les maisons restées debout, et a détruit les prisons dont tous les prisonniers s'évadèrent.

Tout le pays de Messine à Catane est un immense amas de ruines. Il est impossible d'évaluer le nombre des victimes.

A Catane 500 barques et trois paquebots ont été coulés.

La ville de Gioja est presque entièrement détruite.

A Palmi il y a 500 morts et plusieurs centaines de blessés.

Le Pape ordonne au clergé des villes sinistrées de distribuer des secours.

C'est là le langage télégraphique. Rien que des faits, des procès-verbaux. Bientôt allaient arriver les impressions des envoyés spéciaux, graves, profondes — bientôt parvenait jusqu'à nous le vaste hululement de terreur, l'immense râle d'agonie des provinces détruites.

II.

La terre merveilleuse.

Mais avant de poursuivre la lecture du martyrologe, arrêtons-nous. Ayous le cœur de nous détourner un instant de nos frères mourants, de tourner le dos au présent et de regarder le passé. Qu'était-ce donc que le pays dévasté, pour inspirer ainsi tant d'ardentes sympathies dans le monde entier, dès l'arrivée des premières nouvelles ? — C'était un paradis terrestre.

Mais écoutons la voix autorisée de grands écrivains, qui, bien que colorée, tremble de tristesse, en chantant ce qu'étaient les côtes de la Calabre et de la Sicile, avant l'explosion du sinistre.

Voici d'abord René Bazin, l'éminent académicien qui, dans un volume remarquable sur la Sicile, a consacré un chapitre à Messine.

On reconnaît, au premier coup d'œil, les villes d'ancien commerce maritime. Elles sont marquées, Gênes et Messine, par exemple, du même caractère de puissance et d'opulence plébéiennes. Peu de monuments publics de haute valeur; seulement ce qu'il en faut pour que la cité n'ait pas à souffrir dans son orgueil. Ne lui demandez pas ce prodigieux superflu d'art, cette folie de la fresque, de la pierre ou du bronze ciselé, qui témoigneront toujours d'un peuple porté au rêve et plus ou moins détaché de l'action. D'autres pensées hantaient l'esprit de ses habitants. Ils étaient maîtres, par leurs banques et par leurs navires, du commerce du monde, engagés dans de vastes entreprises, audacieux, connaisseurs d'hommes, diplomates en passant, et tous plus ou moins atteints par l'influence de l'Orient. Leur rêve, ou l'amour de

Catane. — La Cathédrale. — Photo Brogi

la cité entrait pour une part, était de se bâtir des palais magnifiques et utiles, avec des portiques, des rez-de-chaussée voûtés servant de magasins ou de bureaux, et des appartements somptueux au-dessus. Ils les reliaient l'un à l'autre et élevaient ainsi autour du port une ceinture du monuments qui pouvaient passer pour une gloire de la ville et disaient sa richesse.

Cela est bien frappant à Messine, toute construite en longueur et resserrée entre la mer et les montagnes. Sa vie, sa raison d'être et sa beauté, c'est le port, légèrement

Randazzo et l'Etna — Photo Brogi

Messine à vol d'oiseau avec les côtes de la Calabre.   Photo Brogi.

cintré du côté de la terre et aux deux tiers fermé, vers le large, par une presqu'île en forme de croissant que termine un château. Ce vieux fort de guerre bruni par le soleil, la ligne de façades massives, à grosses pierres saillantes, qui suit la courbe de la côte, lui donnent tout à fait grand air. Et cette majesté n'est pas morte. D'innombrables ouvriers travaillent sur les quais. Les tramways y courent et s'en vont jusqu'au Faro, l'extrême pointe de la Sicile. A chaque instant des navires entrent ou sortent. Ils ne jettent point l'ancre dans ces eaux trop profondes et s'amarrent à des bouées. Au delà, c'est le détroit qui coule comme un fleuve, bleu indigo, couvert de grandes voiles, et au delà encore les côtes montagneuses de la Calabre, qui semblent toutes proches à cause de la limpidité de l'air et qu'on voit sur une énorme étendue, depuis San-Giovanni jusqu'après Reggio.

Le paysage est surtout admirable le soir. Quand le soleil s'est couché derrière les montagnes de Messine il illumine encore celles d'en face et la chaîne des Calabres apparaît, teinte de deux couleurs : la base de pourpre violet et les sommets d'orange vif.

C'est à M. Léon Hugonnet, ancien consul de France en Italie, que nous emprunterons les détails historiques et topographiques sur Messine.

Depuis la mer, le panorama de Messine est en partie masqué par la presqu'île, qui contient la citadelle et ferme le port, excellent du reste. Cette langue de terre, recourbée, avait valu, dans l'antiquité, le nom de *Zanclos*, ou faucille, à cette cité qui fut fondée, en 532 avant notre ère, par des pirates de Cumes et des Chalcidiens. Prise par les Grecs, elle doit aux Messéniens le nom, qu'elle a conservé, de Messana. Peu de villes ont eu une existence plus tourmentée. Successivement conquise par les Carthaginois, les Romains et les Arabes, elle fut la première ville de Sicile qu'occupèrent les Normands. Philippe, Auguste et Richard y séjournèrent avant de se rendre à la croisade, en 1189. Elle résista à Charles d'Anjou en 1282. Ses habitants se révoltèrent contre la domination espagnole et ils demandèrent du secours à Louis XIV. Celui-ci envoya une flotte, commandée par Duquesne, qui battit les espagnols et les Hollandais,

Paysan Sicilien.   Photo Brogi.

sous les ordres de Ruyter. En 1678, les Français l'évacuèrent. La peste fit 10,000 victimes en 1740 et un tremblement de terre la détruisit presque complètement en 1783. C'est pour cela qu'on n'y trouve aucune trace des constructions édifiées par les différents peuples qui l'ont dominée. Messine a aussi beaucoup souffert, en 1848, du bombardement qui a valu à Ferdinand le surnom de *re bomba*. Elle a été éprouvée, en 1854, par le choléra, qui a enlevé 16,000 habitants, et enfin par le tremblement de terre de 1894.

Après le désastre de 1783, Messine fut reconstruite complètement. En prévision d'un nouveau sinistre, on décida que les maisons à colonnades qui s'alignent

sur le quai n'auraient que deux étages. Cette cité, plutôt exclusivement commerciale, ne possède pas une architecture particulière, ainsi que les autres grandes villes d'Italie. Elle n'est donc pas *étrange et surannée*, comme l'écrivait Banville, sans doute pour rimer avec Méditerranée. Elle est banale et ses constructions étaient des spécimens du style ponts et chaussées.

De la cathédrale normande, commencée en 1098, achevée sous Roger II, et qui a brûlé deux fois, avant d'être détruite par le tremblement de terre de 1783, il ne restait presque rien rappelant l'édifice primitif. Elle avait été reconstruite dans un goût différent. On y conservait, dans une armoire, une lettre que la Vierge aurait envoyée, par l'intermédiaire de saint Paul, qui l'aurait traduite d'hébreu en grec. Mais il est à peu près certain que c'est un des faux commis au seizième siècle par Lascaris. La vieille église normande Santa Annunciata dei Catalani avait conservé, au-dessus du portail, une inscription arabe, rappelant qu'elle fut une mosquée, après avoir été un temple de Neptune, dont les colonnes antiques étaient encore à l'intérieur.

Sur la place de la cathédrale, une fontaine en marbre blanc, haute de huit mètres, édifiée, en 1542, par Montorsoli, élève de Michel-Ange, était surmontée d'une statue d'Orion, sur un socle supporté par quatre enfants ;

Photo Brogi
Paysanne Sicilienne.

au-dessous, il y avait trois vasques superposées. Quatre sirènes soutenaient celle du haut, quatre tritons la seconde et quatre nymphes celle d'en bas. Le grand bassin, orné de bas-reliefs et de sculptures, était remarquable par les statues de quatre fleuves : le Nil, le Tibre et l'Èbre, auxquels on avait eu la naïve vanité d'ajouter le Cumano, torrent des environs. Ce sentiment est bien humain et rappelle le philosophe qui préférait le ruisseau de la rue du Bac.

Devant la municipalité, il y avait une autre fontaine due également au ciseau de Montorsoli. C'était une grande statue de Neptune, dont la main droite étendue reproduisait le beau geste pacificateur de Marc-Aurèle au Capitole et la gauche tenait un trident. La pose générale rappelait le chef-d'œuvre de Jean de Bologne. A ses pieds, deux femmes accroupies personnifiaient probablement Charybde et Scylla. L'original a été remplacé par une copie. Sur une autre place, j'avais remarqué un singulier personnage de marbre, dont la figure était très endommagée et qui se tenait à cheval sur une sphère lançant de l'eau, sans doute un Scylla. On a dû l'enlever pour le mettre dans un musée. Une statue équestre en bronze, qui représentait Charles II, a également disparu. Il reste, sur la petite place Annunciata, le monument élevé en l'honneur de Don Juan d'Autriche, fils naturel de Charles-

TAORMINA.

Le théâtre grec et le village de Taormina, au fond l'Etna — Photo Neue Photogr. Ges. Berlin.

Quint, en 1572, un an après sa victoire de Lépante, ce jeune homme de vingt-quatre ans est très maigre, il porte un costume Charles IX, un bâton dans la main droite et une épée dans la gauche. Ce bronze est presque comique et jette une note gaie dans cette ville triste.

La côte calabraise nous est décrite avec beaucoup d'exactitude par M. F. Honoré.

La côte qui vient d'être bouleversée est une des plus belles régions de l'Italie ; on y retrouve tous les enchantements du golfe de Naples et du golfe de Salerne, avec une luxuriance et des caprices de végé-tation capables de nous faire oublier un instant la corniche de Misène et les terrasses d'Amalfi.

De Pizzo à Reggio, soit sur une longueur de 100 kilomètres, la côte, dessinée par des escarpements assez raides qui s'infléchissent à peine pour tomber dans la mer, présente une suite de paysages de la plus savoureuse poésie. Sur la rive de l'Adriatique que l'on suit pour atteindre Brindisi, la continuité presque ininterrompue des vignes jalonnées de quelques oliviers donne à la côte aplatie un aspect monotone ; la côte de Calabre, au contraire, est fertile en surprises de lignes et de couleurs.

Les vignes apparaissent sans poussière ; les citron-

niers n'ont pas cet éclat métallique un peu dur qui
relève si joliment le ton des ruines de Syracuse ; sur
des troncs moins tordus et plus majestueux qu'en
Sicile, le feuillage de l'olivier resplendit de lumière ;
le figuier apporte une note plus sombre en même
temps que son langoureux parfum, et ces diverses
végétations se mêlent et se succèdent avec une science
inouïe du décor donnant sous le soleil brûlant de
septembre, après trois mois de sécheresse une sensation de fraîcheur printanière, encore accentuée par
le contraste des rochers cuivrés, des falaises ocreuses
ou des ruines grises qui surgissent de temps à autre,
à un détour du flot bleu presque toujours endormi.

On voit rarement ce beau pays même en passant :
les heures de trains rapides ne le permettent guère ;
on s'y arrête encore moins, par crainte des fièvres et
des auberges pitoyables. La seconde raison est la meilleure. Un tempérament, même délicat, peut sans danger, se promener quelques jours, dans cette région
dont le sol marécageux entretient la verdure surabon-
dante qui manque aux étés siciliens ; d'autre part, le

charme de ces petites villes, encore dédaignées par le
tourisme, fait vite oublier l'absence de confort dont
elles s'enorgueillissent.

Quelques unes, comme Monteleone, Mileto, nichées
à l'intérieur, avec des ruines de château ou d'abbayes
célèbres, semblent des cités d'un âge inconnu ; d'autres, comme Pizzo et cette jolie Palmi que l'on dit
entièrement détruite, se dressent sur un éperon de la
côte, ou à mi-flanc de la montagne, tantôt emprisonnées
dans d'antiques murailles, tantôt ceinturées d'orangers
toujours offrant à nos regards un horizon qui sue la
vie sans laisser apercevoir aucune trace de vivants.
Car les villes sont souvent éparpillées ou cachées l'une
à l'autre par un pli de montagne ; et, pêcheur ou tra-
vailleur du sol, l'habitant, serviable et accueillant
pour l'étranger, se repose aux heures de grands jours.

A mesure que l'on s'approche de Reggio, les fruits
du cactus montrent des roses plus soutenues, l'oranger
se multiplie sur le bord même de la mer qui vient,
par instant, baigner un palmier ou un bouquet de
grenadiers. Et là même ou des plantations d'oliviers

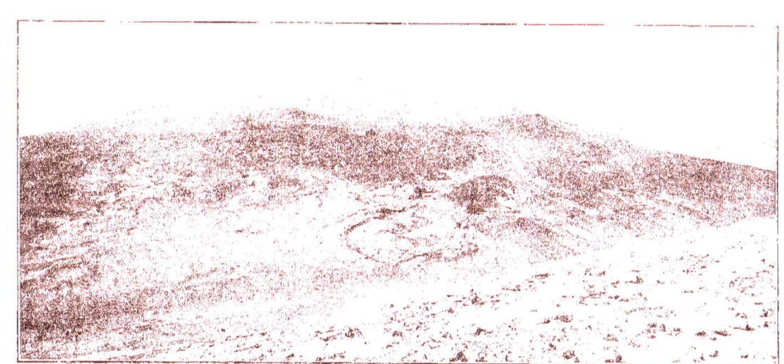

SOMMET DE L'ETNA. — Photo Brogi.

monstrueux semblent des forêts, où les bois de châtai-
gners côtoient les jardins d'orangers, toute cette végé-
tation ruisselle de lumière et conserve dans sa splendeur
la légèreté des verdures moins méridionales.

A l'extrémité de cette rive enchantée, Reggio
s'étalait.

On avait, et on aura encore, en dépit des ruines,
cette vue admirable du « Bosphore italien » que le
ferry-boat « en correspondance » traverse trop souvent
la nuit. Et c'est surtout, au retour de Sicile, après
ces belles et rudes lumières cuivrées, parfois un peu
âpres comme le vrai muscat de Syracuse, qu'on sent
la beauté particulière aux paysages de Calabre.

Les us et coutumes, les mœurs, les costumes
de ce peuple sicilien et calabrais, leur vie ardente et colorée, nul mieux que René Bazin
n'en a signalé le faste rustique, éminemment
pittoresque.

Orifice de l'Etna. — Photo Brogi.

Le spectacle m'arrête net. Les types, les costumes, la danse, tout est nouveau. J'ai vu danser la tarentelle à Capri, mais pour vingt sous, par des filles d'auberge et des pêcheurs de comédie, tandis que j'ai devant moi des montagnards authentiques. Les deux hommes, jeunes tous deux et de haute taille, portent le bonnet retombant sur l'épaule, en laine bleue, des vestes de velours à boutons, le col blanc, le gilet à fleurs, la culotte de velours ouverte aux genoux et laissant passer une autre culotte de linge un peu plus longue, les bas de laine, où viennent se lacer les sandales. Le costume des femmes est superbe aussi. Elles ont le grand voile blanc, presque disparu à Naples, le corselet de couleur éclatante lacé par devant, des jupes à rayures et la noblesse du geste, qui agrandit la scène. Il faut les voir, sérieuses, les yeux baissés, arrondir les bras au-dessus de leur tête, imiter le jeu des castagnettes et se dérober, avec des mouvements d'une lenteur souple et calculée, à la poursuite du danseur. A côté d'eux, au

Je l'observe longtemps. Et voyez le préjugé de nos civilisations trop avancées ! J'attends que ces personnages magnifiques, habillés pour la circonstance, prennent enfin la sébille et quêtent « au bénéfice des artistes ». Rien de pareil. Une des femmes se trouve fatiguée. Elle fait un signe. Aussitôt une autre, presque vieille, sort de la foule et continue le rôle. Je remonte la digue où nous avons atterri, je longe les

Char Sicilien   Photo Brogi.

premier rang du cercle qui les enveloppe, une sorte de berger sauvage, barbu jusqu'aux paupières, assis sur une borne, souffle dans un biniou à quatre flûtes, et un tout jeune homme, debout maigre et droit, agite en mesure un tambour de basque. Les spectateurs s'intéressent évidemment à la correction des pas et des attitudes. Aucun ne rit et très peu causent. Ils regardent en connaisseurs. Et cette tarentelle, qui se développe avec un art savant, me fait songer aux danses anciennes où il y avait un rite.

quais ensoleillés au bord de la mer et je découvre que c'est tout un peuple qui danse, des centaines de Calabrais et de Calabraises descendus des montagnes. Partout la veste de velours ou de laine, la double culotte, les souliers de peau blanche à lanières et des corselets rouges, bleus, roses, vert tendre, des jupes rayées de barres voyantes, qui tournent, se mêlent, s'écartent et reviennent. Partout, l'indispensable tambour de basque accompagnant tantôt le biniou, tantôt une guitare et une flûte aigre. Je traverse les rues,

Vendeur d'eau Sicilien.   Photo Brogi.

même spectacle, j'arrive sur la place de la Cathédrale. Elle est éclatante de costumes comme une ima-
ge d'Épinal ou mieux comme une scène de l'école
vénitienne. Car ce tourbillon de couleurs n'offense pas
les yeux, et les types sont remarquables, énergiques
chez les hommes, un peu empâtés mais souvent très

doux chez les femmes, qui sont grandes et bien faites.
On a peine à passer parmi les groupes. Parfois, une
jeune fille se détache et va s'agenouiller dans l'église
grande ouverte, devant le tableau de la Vierge qu'en-
cadrent des cierges à profusion ; puis elle réapparaît,
debout sur la première marche blanche, blanche elle-
même dans les plis de son voile, le sein encore hale-
tant de la danse qu'elle va reprendre et l'œil fixé sur
le quadrille où elle manque. Des marchands tout
autour vendent des pièces montées de figues enfilées,
des merveilles de pâtisserie représentant tous les animaux de la création ; d'autres, des melons ; d'autres,
des petits pois secs torréfiés, qui grelottent en plein
air, dégageant une odeur fade. Sur le trottoir de la
rue voisine, deux théâtres populaires ont élevé leurs
affiches criantes, deux toiles peintes gigantesques,
l'une figurant les rois Mages, et la seconde le désastre
des Italiens à Dogali.

III.

La nuit infernale.

Comment la plume pourrait-elle rendre la poignante
étendue du désastre et l'atroce profondeur, qui
échappent à l'entendement même ! Connaîtra-t-on jamais, d'ailleurs, toutes les particularités de ce boule-
versement géologique, dont on ne retrouve pas
d'exemple dans l'histoire des convulsions terrestres ?
Ni le tremblement de terre de 1783 qui, déjà, avait
détruit la ville en partie ; ni le désastre de l'île Krakatoa où périrent vingt mille personnes, ni l'éruption
du Mont-Pelé, qui fit trente mille morts, ni l'éruption
du Vésuve de l'an 71, où s'engloutirent Herculanum
et Pompéi, ne sauraient être comparés à l'abominable
catastrophe qui laisse derrière elle l'énorme bilan de
deux cent mille victimes !

La secousse sismique s'est produite – sous la mer –
soulevant une vague formidable, haute comme une
montagne, qui, prenant son élan, s'est brusquement

Messine. — Le Mont de Piété. — Photo Brogi.

abattue sur les deux rives du détroit de Messine. Un marin du torpilleur *Saffo* raconte qu'il la vit se dresser, hésiter, puis s'élancer comme un monstre furieux, happer les villes, les villages, les collines, et les engloutir d'un seul trait... On ne savait plus si c'était la mer qui se ruait à l'assaut des montagnes, ou les montagnes qui se jetaient d'un grand saut dans la mer... Lorsque, enfin, le flot meurtrier se retira, tout ce qu'il n'avait pas absorbé et abattu se mit à dégringoler jusqu'à lui : palais, églises, villas, ébranlés par le choc effroyable de l'eau, s'écroulèrent tout doucement jusqu'à la côte, en une avalanche assourdissante de pierres innombrables qui dévalent le long d'un torrent.

Le capitaine d'un bateau transbordeur qui faisait le service entre Messine et la côte calabraise et qui se trouvait au large de Messine, au moment du cataclysme, conta les détails suivant :

— Nous étions partis de Messine pour Reggio à bord du ferry-boat. Au moment où nous arrivions à la moitié du détroit, la mer devint terrible. Nous eûmes la sensation qu'elle se déchirait, qu'elle s'ouvrait avec une énorme profondeur. Le ferry-boat toucha le fond

Messine. — Église St Grégoire (1452). — Photo Brogi.

du détroit, puis il fut élevé à une hauteur prodigieuse ; après quoi il frappa encore le fond. C'est à ce moment que le cataclysme ravageait les villes de Messine et de Reggio. Lorsque nous pûmes enfin débarquer dans cette localité, la destruction était complète. Nous trouvâmes enlacés des groupes de personnes presque nues. J'interrogeai. Je n'obtins pas de réponse. Je marchai à l'aventure au milieu des ruines fumantes et je rencontrai une chanteuse, la cantatrice Tina, qui tenait à la main une cage dans laquelle un canari vivait encore. Elle me dit, en étendant le bras : « Tous les habitants sont morts. »

Tel est le premier récit de cette aventure effrayante.

Le séisme s'est produit dans la nuit du 28 au 29 décembre, à 5 heures 20 du matin.

Messine. — Corso Victor Emmanuel avec la fontaine de Neptune et l'hôtel de ville. — Photo Brogi.

MESSINE   RUINES DES QUAIS

Des habitants surpris dans leur sommeil, se sont sauvés au milieu de l'obscurité, sous la pluie battante.

La secousse a duré 23 secondes, selon les calculs officiels. On a vu des phénomènes atmosphériques effrayants. Certains éclairs ressemblaient à un incendie du ciel entier. La terre semblait tourner. Les gens tourbillonnaient plusieurs fois sur place, puis s'abattaient. D'autres, affolés, couraient dans la rue, puis se cachaient sous les ruines mêmes et se laissaient écraser. Des explosions de gaz faisaient sauter des quartiers entiers.

Le raz-de-marée a suivi le tremblement de terre.

Les vagues qui se sont soulevées après le tremblement de terre, ont envahi Reggio jusqu'au Corso

Messine — Ruines de l'Hôtel de ville

Garibaldi, qui est à dix mètres au-dessus du niveau de la mer. Les maisons voisines de la mer ont été envahies jusqu'au premier étage. Plusieurs ont été entraînées par les vagues.

A Riposto, la mer s'est retirée d'abord à une grande distance, puis est revenue avec une violence terrible, balayant tout devant elle jusqu'à 300 mètres à l'intérieur de la ville, renversant les habitations et emportant les habitants.

Charybde lui-même, le rocher fameux qui se dressait à la pointe du cap, en face de Scylla. Charybde a disparu, englouti dans la mer. Devant le rocher mystérieux, on songeait aux terreurs classiques des navigateurs homériques et virgiliens, à ces monstres mugissants, effroi des nautonniers, à ce gouffre où ils voyaient l'une des portes de l'enfer. Et l'on s'étonnait de leurs frayeurs naïves, et l'on se rappelait aussi la légende qui veut que l'Etna et toute la Sicile soit le toit de la prison où Jupiter avait couché les Titans vaincus.

Le volcan, disaient les anciens, c'est l'ouverture par où ils respirent; l'éruption, c'est le feu de leurs bouches, et lorsque le sol tremble, c'est qu'ils retournent sous la terre leurs membres endoloris. Et à ce moment, Jupiter craignant qu'ils ne s'échappent de nouveau, fait pleuvoir sur eux ses foudres.

Et l'on souriait de la légende. N'est-elle point pourtant l'exacte description de la journée de lundi? Notre orgueilleuse science moderne a-t-elle trouvé meilleure explication à donner? Est-elle plus capable que les guerriers d'Homère de prévenir la catastrophe, même de la prévoir? Elle a changé les mots, remplacé Jupiter par l'Electricité, l'Epaule des Géants par la Secousse Sismique... voilà tout.

* * *

Le lendemain, mardi, 29 décembre, tous les ambassadeurs et ministres allaient à la Consulta exprimer à M. Tittoni les condoléances de leurs gouvernements et le Roi et la Reine d'Italie partaient pour la Calabre et la Sicile.

Le 30 décembre, on parlait de 200.000 victimes et on expliquait cela comme suit :

Les survivants de Messine sont au nombre de 12.000 environ. Or, si on calcule la population à 170.000 habitants, on peut se rendre compte de l'énorme chiffre de victimes qui se trouvent encore sous les décombres. A ce chiffre épouvantable doivent s'ajouter 40 à 45.000 victimes sur les côtes de la Calabre.

Messine — Ruines du Palais de la Navigation.

Le 2 janvier se produisait une nouvelle secousse de tremblement de terre et la Reine était légèrement blessée en arrêtant la fuite désordonnée dans les hôpitaux.

Le 3 janvier, ou fusillait 16 pillards, on en arrêtait 600 et le 4 janvier l'état de siège était proclamé dans les arrondissements de Messine et de Reggio, avec pleins pouvoirs accordés au lieutenant-général Mazza, commissaire extraordinaire du gouvernement.

IV.

L'Entente internationale pour la Charité.

La nouvelle de la catastrophe avait provoqué une émotion considérable dans tous les pays étrangers. Les secours furent organisés partout avec une spontanéité et une rapidité qui furent un signe de la sincérité des condoléances universelles.

L'escadre russe, mouillée à Angiuta, et l'escadre anglaise, mouillée à Syracuse, partirent, les premières, pour Messine. Le gouvernement italien envoya une escadre volante.

La dépêche suivante indique dans quelle mesure la vibrante population italienne participa au malheur de la Calabre et de la Sicile :

Rome, 30 décembre. — Des navires de guerre et des navires marchands sont partis, portant des provisions, des vêtements, des matériaux de tout genre. L'élan généreux du public est extraordinaire. Les municipalités, les banques, les associations, les citoyens participent aux souscriptions. M. Giolitti, avec les ministres, reste en permanence au ministère de l'intérieur, organisant personnellement toutes les mesures pour faire face au désastre. Les ministères de la guerre, de la marine, des travaux publics travaillent nuit et jour pour organiser les secours. Les manifestations de deuil continuent dans l'Italie entière, avec un élan de fraternité immense. Les journaux de Rome et d'autres villes continuent à publier des éditions extraordinaires qui sont lues par la foule avec une émotion intense. Dans toutes les villes on forme des comités de secours.

Dans tous les pays du monde, — on peut dire dans toutes les villes — des comités de secours s'étaient constitués.

Le Comité Central italien était présidé par le duc d'Aoste.

Bref, il faut dire que le gouvernement italien

MESSINE. — LE PORT. Photo Neue Photogr. Ges. Berlin.

Messine. — Eglise St. Maria della Scala.

alarmantes, il s'est véritablement multiplié, donnant au monde le spectacle — fort beau — d'une solidarité et d'une confraternité touchantes.

Le Roi d'Italie a fait des dons divers qui s'élèvent globalement à la somme d'un million 200.000 lires. Le Pape a ouvert un crédit, lui

a compris la mission qui lui incombait. Dès la première heure, il a envoyé des troupes sur les lieux de la catastrophe pour soulever les décombres et sauver les survivants; il s'est entendu avec les compagnies de navigation pour porter des vivres, recueillir les personnes sans abri, transporter le matériel nécessaire à la construction de baraquements provisoires, il a envoyé des escouades d'ouvriers pour rétablir les communications télégraphiques et téléphoniques. Et plus tard, quand les nouvelles du désastre arrivaient de plus en plus

Messine. — Ruines d'une Eglise.

Messine — La Cathédrale.

Messine. — Intérieur de la Cathédrale — Photo Brogi

aussi, d'un million de lires, suivi plus tard d'un crédit illimité : Sa Sainteté a chargé le Recteur de la Propagande et le chevalier Serafini de distribuer en personne les secours sur les lieux du sinistre.

Si l'on jette d'autre part un coup d'œil général sur l'immense concours de charité que la nouvelle du cataclysme a suscité dans le monde, on se sentira ému. Cette générosité universelle est hautement significative : elle est la marque qu'il suffit d'une catastrophe terrible atteignant une nation entière pour que les inimitiés politiques se taisent, pour que le cœur de tous les peuples batte d'une longue pulsation chaleureuse et fraternelle. Vraiment, elle est le plus puissant et peut-être le seul indice d'une civilisation saine et forte.

La France, l'Allemagne, l'Angleterre, la Russie, l'Espagne, l'Amérique, font appareiller leurs escadres pour la Sicile. Les Croix-Rouges arment des paquebots : des légions de médecins et de pharmaciens s'embarquent avec des matériels complets. Et les dames de l'aristocratie abandonnent les fêtes de l'hiver pour nouer le tablier blanc et le brassard des ambulancières.

Entretemps les télégrammes de condoléances affluent au Ministère des Affaires Étrangères. Les Souverains font des dons personnels. Les organismes économiques et sociaux du monde entier ouvrent des souscriptions en faveur des sinistrés. Ce sont les grands journaux, les trusts américains, les universités d'Europe, le corps des marchands de Moscou ; ce sont les Chambres, les Conseils provinciaux et municipaux de nombreux pays. Le 3 janvier, à New-York, M. Taft préside à Madison-Square, un meeting monstre au profit des sinistrés italiens. Les théâtres de l'Opéra, à Paris, de la Monnaie, à Bruxelles, de Monte-Carlo donnent des représentations aux places majorées pour les victimes siciliennes.

V.

Les récits des grands reporters.

Il est impossible de retracer toutes les horreurs, toutes les scènes de désolation, de décrire, dans tous ses détails, la ruine des belles villes méditerranéennes et de la mort affreuse de leurs habitants. Mais, à l'aide des récits des reporters envoyés sur les lieux par les journaux, il est possible de s'en faire une idée à peu près exacte. Notons que toutes ces impressions ont été prises sur place : c'est ce qui donne tant de mouvement, tant de vie au style des grands écrivains.

Portail de la Cathédrale de Messine.

Et par-dessus tous ces subsides privés, ce sont les souscriptions nationales, dont les recettes alimentent largement la caisse de secours du Comité Central italien.

En Belgique, le comité de la souscription nationale a été composé de la façon suivante :

Président : M. A. Beernaert, ministre d'État ; membres : S. E. le cardinal Mercier, archevêque de Malines ; MM. le vicomte Simonis, président du Sénat ;

Messine. — Ruines de la Cathédrale (façade).

Ruines de la Cathédrale de Messine (chevet)

A Reggio

Du « Matin » de Paris :

J'arrive ici à la dernière étape douloureuse de ce voyage tragique, les jambes brisées par une marche de trente et une heures consécutives, sur un trajet de soixante-sept kilomètres, et les yeux remplis d'horreur.

Je crois que mes nerfs ne se délivreront jamais de l'impression atroce dont ils ont été frappés, et que mes yeux garderont, tant qu'ils resteront ouverts, la la vision de mort et de dévastation qui les oppresse.

Figurez-vous un chapelet de désastre s'égrenant le long de quatre-vingt kilomètres, un ruban gigantesque de charniers, d'incendies, de ruines, une suite infinie de plaintes, de hurlements, d'implorations éperdues.

Là où furent des villes riches et florissantes, des villages ressemblant à des nids d'oiseaux de paradis, des villas endormies dans le soleil, il n'y a plus que le désert morne et menaçant, un désert plein de cadavres et d'animaux et d'habitations nivelées, un désert fa-

rouche comme une forêt sur laquelle un cyclone serait passé.

Pas une maison n'est restée debout. Il n'y a pas de famille qui ne pleure ; c'est la catastrophe de tous, c'est un fléau qui a tout détruit, qui frappe tout le monde.

Tuée Palmi, tuée Bagnara, agonisante Scylla, jadis l'épouvante des navigateurs et maintenant éventrée sur son rocher formidable ; ensevelie Clannitello, la

Messine — Fontaine de Montorsoli. — Photo Brogi

joie des yeux : finie, Villa-San-Giovanni, la laborieuse
et l'audacieuse qui soutenait avec tant de vaillance et de
succès le combat pour l'existence ; morte à jamais,
morte sans espoir de résurrection. Reggio, la cité
royale des empereurs, l'emporium magnifique des
primitives marines de la Méditerranée.

C'est le silence qui plane à présent sur tout ce foyer
de vie, un silence lugubre, couvrant d'un suaire
funèbre ce pays de la joie et de la beauté, ce pays de
rêve et d'enchantement, noyé dans une forêt d'orangers
et de bergamottiers.

Ceux qui ont vu Reggio, il y a quelques semaines,
si jolie et si élégante sur la mer, si pleine de vie et de
monde, en y revenant maintenant, ne peuvent pas
retenir leurs larmes, et j'ai pleuré ce matin, j'ai
pleuré comme un enfant ou comme une femme en
voyant étalée, à la place de la ville, une mer énorme
de ruines, une plaine nivelée de plâtras, sur laquelle
rien ne s'élève, ne seraient-ce les débris de la caserne
et du château.

Tout est mort, tout est tué.

Messine. — Ruines de la fontaine de Montorsoli

Messine. — Hôtel des Postes et Télégraphes

Les maisons, les églises, les théâtres, les banques,
rien n'existe plus.

Toute la jetée avec ses deux gares a été emportée
par la mer. Devant une des gares, un wagon dans
lequel se tenait une fillette de douze ans, Philomène
Aretti, a été soulevé et lancé contre les cloisons d'un
hangar. La tête de la fillette, tranchée, flotte sur la
mer, tandis que le corps pend à la porte du wagon !

Messine. — Corso Garibaldi. — Photo Brogi

éprouvé, pas même en imagination, une impression plus formidable de la mort.

Pas une âme vivante au milieu de l'ossuaire fumant, pas une voix humaine ! C'est un silence terrifiant. Les ruines s'entassent sur les ruines.

Parmi les débris, on voit des meubles, des vêtements de femmes, quelques lits.

Une maison coupée en deux montre l'intimité de ses trois étages. Un salon rouge, bien rouge, un lit dans lequel un homme, écrasé par la chute d'une poutre, est couché, mort.

Une chambre nuptiale, de laquelle la mariée n'a pas pu s'échapper, et a été tuée sur le seuil de la porte.

Je n'y tiens plus. Mon cœur se soulève d'horreur et éclate.

En envahissant la rue Marina, le flot a coupé la retraite aux fuyards, noyant quarante-quatre familles.

Les deux autres grandes rues parallèles, le corso Garibaldi et le corso Acchenensi, sont complètement obstruées par l'énorme entassement de ruines et par les incendies qui fument de tous les côtés.

Mais, si l'on réussit à vaincre la crainte naturelle des murs qui s'effondrent à chaque pas, on est frappé par la vision complète du désastre : jamais je n'ai

J'adresse l'éternelle question :

— Les survivants ?
— Peut-être cinq à six mille.
— Les morts ?
— Vingt-cinq ou trente mille... Qui sait ?...

J'ai loué un bateau à rames et j'ai traversé, sous une pluie battante et la mort dans l'âme, le sinistre détroit, qui est encore bouleversé par le crime épouvantable qu'il a commis.   Antonio Scarfoglio.

Messine.   Ruines du Corso Garibaldi

A Messine.

Du « Journal » de Paris :

— Si quelquefois, dans la hideuse nécropole, un silence subit interrompt le sourd et métallique crépitement des pelles et des pioches qui s'efforcent de trouer les matières inertes, agglomérées, coagulées et sous lesquelles est ensevelie la population de Messine, un instant les visages pâlissent, les respirations s'arrêtent et chacun de nous n'entend plus que le battement de son propre cœur. Un étrange mouvement de va et vient, fulgurant comme un éclair, vient d'agiter le sol. Rapide, oui, mais combien long aussi ! Long comme une agonie, long comme une éternité. Il s'arrête. La terre a repris sa fixité ? Non. Voici qu'elle palpite encore ! Ah ! Mais, est-ce que le cataclysme va se ruer de nouveau sur la pauvre humanité ? Est-ce que le monstre épouvantable va encore provoquer un soubresaut de la terre ? Et mon front se mouille d'une sueur glacée. Combien vont se produire encore ? Combien et avec quelle force ? La secousse verticale va-t-elle se déclancher à son tour, la terrifiante secousse qui semble monter du centre de la planète et pousser de haut en bas la chétive écorce terrestre ?

Au lointain, un bruit d'éboulement roule sourdement. Une colonne de poussière rouge monte dans le ciel radieux, dans le ciel céruléen, où l'Etna, impassible dans sa cuirasse d'argent, l'Etna, dédaigneux des misères humaines, regarde au-dessus de lui l'éternité des astres. Quel nouveau sinistre est arrivé encore ? Ce n'est rien. Un mur, déjà branlant et lézardé, a été renversé par les convulsions ; mais, maintenant, le monde est redevenu inerte. Son apparence tranquille nous rassure, et déjà les outils des sapeurs recommencent à faire entendre leur chanson aiguë, leur rumeur atténuée de mousqueterie.

Voilà bien ce qui a rendu difficile, et presque impossible une recherche véritablement efficace des victimes du fléau. De toutes parts, au-dessus des décombres, s'élèvent des tronçons de murailles, des pans de maçonnerie, des chicots déchiquetés, des toitures retenues en l'air par des espèces de socles à qui le moindre ébranlement peut faire lâcher prise. Aucun des humains qui sont présentement à Messine et à Reggio ne cesse un instant de penser que si les forces redoutables enfermées dans le globe allaient soudainement agiter encore la Sicile et le Calabre, elles provoqueraient l'éboulement immédiat de ce qui reste encore de ces deux villes, et des milliers de soldats se trouveraient aussitôt engloutis.

Somme toute, et quelques exceptions mises à part, ce que l'on est parvenu à entamer, c'est la partie la plus élevée, la surface et, en quelque sorte, la croûte des décombres. Ce qui le prouve, c'est que, dans les ruines de ces deux villes, qui évidemment renfermaient de grandes provisions de denrées, il est impossible d'en découvrir maintenant la plus petite quantité. Dans la plupart des cas, et même j'ose le dire dans tous les cas, les étages s'abattant les uns sur les autres ont littéralement englouti les rez-de-chaussée où se trouvaient les magasins. Il est vrai qu'en apparence et vues de la rue, certaines façades sont presque intactes : mais, derrière ces façades, il n'y a que des amoncellements de matériaux concassés, fracassés. On ne parvient à y pénétrer qu'après un labeur acharné, car les moindres vides sont comblés par les débris de tout ce qui formait autrefois les parties supérieures des constructions. En un mot, les maisons qui ne se sont pas effondrées suivant un mouvement centrifuge, c'est à dire du dedans par le dehors, se sont, en tout cas, effondrées suivant un mouvement centripète à l'intérieur de leurs murailles, et, de jour en jour, les agglomérations de matériaux se durcissent, s'agglomèrent et finissent par former une espèce de béton.

Certaines fissures, soupiraux des plus épouvantables charniers, soufflent sans discontinuer la fétide haleine des décompositions. Des solitaires tournent comme des maniaques autour de certains amas de démolitions. Ils se penchent comme pour humer l'écœurante odeur qui monte des funèbres cryptes, comme pour chercher l'invisible baiser des spectres. Ce sont les survivants qui hantent les lieux où tous ceux qui leur étaient chers ont péri. Mais ont-ils péri ? Ont-ils pu s'évader de la torture d'attendre la mort ? Qui sait ? Qui connaîtra jamais les effroyables horreurs de Messine ?

Des solitaires prêtent l'oreille ; ils se couchent à plat-ventre dans les gravats ; ils cherchent à ramper dans les éboulements, à se faufiler dans les effondrements ; ils hurlent vers les cavernes de la terre ; ils creusent ; ils ont entendu quelque chose : leur imagi-

Messine. — Corso Garibaldi   Photo Gaumont

Messine   Maisons mises à nu.   Photo Gaumont.

ne peut plus rien y acheter, car rien n'y est plus à vendre.

Ici, l'or n'est plus qu'un métal comme tous les autres, et infiniment inférieur, comme valeur, à un morceau de pain. On a un peu de vin avec un peu de pain, on vit ; mais on mourrait d'inanition à côté d'un sac d'or. Pendant plusieurs jours, à Reggio, des affamés, qu'ils fussent riches ou qu'ils fussent indigents, se sont disputé furieusement des lambeaux de nourriture. Opulents ou misérables, ils eussent tous succombé à la famine, et, s'ils ont été secourus, c'est grâce aux efforts associés des autres hommes, c'est grâce aux œuvres collectives qui ont été entreprises pour les sauver.

Quelle grandiose leçon pour les privilégiés de la fortune ! A Messine et à Reggio, des milliardaires même n'ont dû la vie qu'aux nourritures apportées du reste du monde par d'obscurs matelots et de pauvres soldats. Ainsi donc, rien ne saurait mettre aucun individu, quel qu'il soit, au-dessus de la grande solidarité humaine.

Toutes sortes de pensées sans coordination s'entremêlent dans ma cervelle surexcitée. Quelquefois, quand je songe que la France s'est passionnée pendant des mois pour savoir comment étaient morts un certain monsieur et une certaine dame, j'éclate d'un rire fantastique, dont le son me fait peur, et puis voilà que je pense à ces meurtriers atroces, auxquels on hésite à appliquer chez nous la peine de mort au nom des idées

nation affolée leur a encore une fois suggéré une hallucination de l'ouïe ; ils appellent des soldats, ils les supplient de commencer des fouilles, et les soldats, impuissants, s'en vont. Que faire ? Il n'y a rien à faire. Le cataclysme est trop vaste. Tout cela est au-dessus des forces humaines et surpasse notre raisonnement.

Il y avait ici des hommes riches, heureux, considérés, et qui jouissaient de tous les biens de la terre. En quelques secondes, leur famille tant aimée a été détruite. Leurs maisons se sont effondrées, et ils ont perdu leurs trésors ; mais, d'ailleurs, à quoi servirait désormais, à Messine et à Reggio, de posséder de l'or ? L'or n'a plus de valeur dans ces cités fantastiques. On

Messine. — Corso Victor Emmanuel et le port.   Photo Neue Photogr. Ges. Berlin.

humanitaires, et je me demande alors quel crime avaient donc commis les cent vingt mille innocentes victimes de Messine et de Reggio.

Je m'enfuis de ce pays, où il y a pléthore d'épouvante, où la terre et la mer vomissent des cadavres et baillent des fantômes. Je veux rentrer dans la vie, revoir les cités heureuses, retrouver, si c'est possible, la beauté, la sérénité et la gaieté.

Ludovic Naudeau.

Écoutons encore la tragique exclamation du même Ludovic Naudeau :

Il y a trois jours, au sortir de Reggio, je suis passé, exténué et littéralement torturé par la faim — ô ironie ! — à Sybaris, le pays des antiques Sybarites. Les premières hordes des fugitifs avaient dévoré toutes les provisions disponibles. Que faire ici, sinon méditer et pleurer ? Quelle mesquine besogne d'information, quelle reportaillerie peut-on tenter sur la nécropole où pourrissent 120.000 cadavres ? On ne peut pas interviewer l'Etna, ni demander des confidences à la mer ! Quel général fit jamais tuer 120.000 hommes en une minute ? Qu'est-ce qu'un empereur ! Qu'est-ce qu'un roi ! Qu'est-ce qu'un génie, s'appelât-il César ou Napoléon, à côté de cette chose horrible qu'on appelle un volcan !

Vous autres, à Paris, malgré toutes les descriptions, malgré tous les récits, malgré toutes les photographies, vous ne sauriez comprendre quelle terreur superstitieuse on éprouve, la nuit, parmi les ruines de Messine.

Le « Daily Telegraph » raconte cet épisode touchant :

Au moment où les casernes s'écroulaient, à Reggio, 300 soldats du 22e de ligne trouvèrent la mort sous les décombres ; 200 soldats reçurent des blessures très graves ou de fortes contusions.

Comme le colonel Carboni se trouvait au milieu de ces derniers, avec quelques médecins-majors, un jeune lieutenant tout balafré et couvert de poussière se souleva sur les décombres et déploya un drapeau qu'il gardait jalousement à ses côtés.

Lorsqu'on vit le glorieux emblème, un frisson d'en-

Les survivants de Messine, sur le quai prêts à s'embarquer.

thousiasme passa sur tous ces malheureux éclopés,
dont beaucoup voulurent baiser les plis de ce trophée
qu'on croyait perdu.

Nous empruntons encore au « Temps » le
récit de la triste odyssée d'une famille de
fugitifs :

Sur le chemin de Bagnara à Scylla. Il pleut. Sinistre
paysage, que Dante eût choisi pour un cercle de
l'enfer. Et quand il fait beau, c'est le paradis. Mais

Officier de marine tuant un pillard

aujourd'hui, l'air est glacé, la terre hostile, la mer
méchante, l'homme perdu. Pour aller de Bagnara à
Scylla on longe la mer par des chemins ravinés. La
route nationale et la voie ferrée sont en ruines. Une
montagne toute noire se dresse à pic sur la mer. Et
là-bas, à Scylla, le rocher farouche, le rocher sacré
chanté par Homère a l'air d'un Titan têtu qui menace

Marins anglais portant secours à Messine

Messine.   Arrestation d'un pillard   Photo Gaumont.

de se jeter sur les flots. Nous passons tout à coup dans un village insoupçonné, un village dont le nom m'échappe, mais je retiens ce détail qu'on y voit une fabrique de papier alimentée par la houille blanche. Le village a peu souffert, mais les habitants affolés fuient sur la plage.

Tout à coup des cris, des menaces, un bruit de poursuites, des chocs de lutte et nous voyons apparaître une foule furieuse qui se rue contre un pauvre hère, bave, déguenillé, cheveux en broussaille, yeux fous d'égarement.

— Il a volé ! on l'a vu ! Arrêtez-le !

— A mort ! A mort !...

Tenez, voilà le pain qu'il a pris chez moi et qu'il tient à la main !

— Je l'ai vu fouillant dans l'armoire !...

Hommes, femmes, enfants, tout le monde vocifère à la fois, tout le monde jette son accusation sur le malheureux qui ne se débat plus et dont la face prend, par la peur, des couleurs verdâtres. La scène est sinistre. Nous voulons intervenir, mais c'est en vain. La rumeur circule, dans tout le pays, qu'on doit tuer les voleurs par ordre du gouvernement, et nous craignons qu'on ne lynche le pauvre diable.

Nous réussissons toutefois à dire assez haut pour qu'on l'entende :

— Attendez au moins que vienne un carabinier ou un soldat.

Et ce mot de soldat arrête un instant la tempête villageoise. Le respect de l'autorité est tel, dans ces pauvres pays de Calabre, que l'idée seule d'un képi ou d'un ceinturon répand une saine terreur.

— Oui, oui, dit un homme, un sage du pays, sans doute, attendons un soldat qui le fusillera.

Et à ce mot de « fusiller », l'homme s'évanouit un instant dans les bras de ceux qui l'enchaînent.

Mais soudain, un hurlement, un cri rauque, quelque chose qui n'est ni d'un être humain ni d'une bête, et voici bondir parmi nous une femme, une femme effrayante, cheveux épars, vêtements en lambeaux. Elle tient dans son bras gauche un enfant au teint jaune, qui semble près de mourir.

Messine. — La Croix-Rouge de l'armée. — Photo Gaumont.

— Chiens ! Chiens ! vomit-elle. Chiens que vous êtes ! Vous voulez tuer mon mari ! Oui, c'est mon mari ! Ce n'est pas un voleur !

Et de son bras resté libre, elle cherche à le délivrer.

Silence d'abord, devant cette tigresse ardente. Puis peu à peu l'hostilité reprend contre l'homme et la femme réunis. Mais elle, en larmes maintenant :

— Non, ce n'est pas un voleur ! Nous sommes de pauvres fugitifs, mais nous avons vu que le «bambino» ne pouvait pas continuer la route, qu'il allait mourir, et nous sommes entrés dans la première maison pour demander quelque chose, une mie de pain, un peu de lait, par pitié.

Et montrant à la foule la tête du pauvre.

— Voyez, voyez, par la Madone, il va devenir un ange !

Alors revirement complet.

— C'est vrai « Dio santo » !

— « Poveretto ! Poveretto ! »

— Donnez-lui quelque chose à sucer.

L'instant est propice. Nous en profitons. Nous faisons délivrer l'homme. Nous fouillons nos sacs et y trouvons, mon ami l'ingénieur du chum, moi du chocolat et des figues, et un confrère des biscuits. Et nous distribuons des vivres au comte, tandis que la foule, retournée, console le père et la mère qu'elle voulait tuer auparavant. Et prenant les fugitifs sous les bras, nous les accompagnons un moment, assez loin du groupe populaire, qui de loin nous approuve ; nous leur indiquons la route de Bagnara. L'un de nous glisse des pièces blanches dans la main de l'homme, et nous les laissons.

Alors, le pauvre diable, se voyant seul avec sa femme, ne comprend plus rien. Il ne sait pas encore s'il va à la mort ou à la vie. Il y a cinq minutes, on le menaçait d'un fusil ; maintenant, on le caresse et on le couvre d'argent. Il nous regarde bouche bée, sans un mot ; il regarde ensuite sa main, où luisent des monnaies ; il nous regarde encore, et sa femme

Messine. — Transport d'un blessé. — Photo Gaumont.

est obligée de l'entraîner. Et sûrement, dans cette cervelle tournoyante, l'idée doit persister que le tremblement de terre continue...

Une poignée de scènes tragiques.

On m'a montré un père dans les bras duquel son jeune fils est mort de faim. Ils sont restés rivés l'un à l'autre, le vivant et le cadavre, pendant trois jours, enserrés par l'implacable étreinte des maçonneries écroulées. Et, pour comble d'horreur, cet homme voyait au-dessus de sa tête palpiter, sortant à demi d'une crevasse de l'étage supérieur, dont il avait été

lui-même précipité, le corps nu de sa femme. Longtemps, les chairs de la créature tant aimée s'agitèrent; mais, peu à peu, leurs mouvements devinrent moins rapides et l'instant vint où leur immobilité indiqua que toute vie s'était enfuie d'elles.

Ne dirait-on pas que c'est le diable qui avait enfermé ensemble, dans les cavernes formées par les éboulements, des humains blessés ou paralysés et des animaux affamés? J'ai vu le trou par lequel une vieille femme, du fond d'une cavité, expliquait avec des hurlements, aux officiers russes, qui cherchaient à la sauver, comment un chat, emprisonné avec elle et lui-même immobilisé, se nourrissait en lui dévorant une main.

Les sauveteurs à l'œuvre à Messine.   Photo Gaumont.

On a raconté une scène fort touchante dont les héros sont un marin russe et une pauvre vieille femme blessée qu'il avait sauvée. Tandis qu'il la déposait doucement sur un tas de pierres, après l'avoir retirée des décombres, ne sachant comment lui exprimer sa reconnaissance, elle se mit à le caresser, de ses mains tremblantes, comme un tout petit enfant. Et telle était la grâce attendrissante de ce geste, que l'homme fondit en larmes.

M. Demetrius Trépépi, député, a souffert le martyre sous les décombres. Ses enfants l'encourageaient. Des soldats le sortirent de sa périlleuse situation; il avait l'abdomen ouvert, et les jambes brisées. Il criait : « Tuez-moi! » Il a rendu le dernier soupir devant ses enfants qui assistèrent ensuite terrifiés d'horreur à l'extrac-

Le roi d'Italie à Messine

tion du cadavre de leur mère.

Toute une journée, on a aperçu une femme restée dans sa petite chambre du sixième étage, à moitié écroulée. Elle y rangeait son linge de l'air le plus paisible, et refusa tout secours quand on voulut la délivrer. La folie avait fait son œuvre.

Une jeune fille, en essayant de se sauver, avait enjambé la barre d'appui d'une fenêtre s'ouvrant au quatrième étage ; elle resta accrochée par sa jupe à une gouttière, et pendant quatre jours elle demeura dans cette situation atroce, la tête en bas, et horriblement tuméfiée sans qu'il ait été possible de la secourir.

Un groupe de malheureux, torturés par la faim, s'est jeté à la mer. Tous à l'exception d'un seul, ont pu être sauvés.

*
* *

Au fond du cours Cavour, une très belle dame, à l'aspect distingué, est assise au milieu d'une chambre. Elle étreint d'une manière désespérée sur son sein la tête d'un enfant, littéralement détachée du buste.

Messine. — Soldats pourchassant un pillard

Deux marins russes s'efforcent d'arracher cette dame à ce spectacle sanglant et l'invitent à monter sur un brancard. Elle crie, elle résiste : la pauvre mère devenue folle, adresse des paroles de tendresse à la petite tête sanglante :

— Parle, mon cher enfant, parle, dit-elle, n'aie pas peur. Ta mère est bien. Elle est ici qui te regarde ; ne crains rien ! Veux-tu que j'aille chez tante Adèle

Embarquement d'un blessé.

prendre le petit agneau de l'enfant Jésus ? Parle ! Parle, mon chéri. Que désires-tu ? Pourquoi ne parles-tu pas. Tu sommeilles ! Eh bien ! dors sur le sein de ta mère !

Et recueillant le peu de forces qui lui restent, la pauvre femme, secouant les épaules, rythme un bercement interrompu par d'effroyables sursautements nerveux.

Les blonds soldats du tsar pleurent à ce spectacle, et c'est les larmes aux yeux qu'ils se décident de force à transporter la malheureuse sur un navire. C'est la femme d'un officier qui, dit-on, passait pour être la plus belle dame de Messine. C'est aujourd'hui l'unique survivante de sa famille.

Un père cherchait en vain son fils au milieu des décombres... Tout à coup, il poussa un cri terrible et tomba à la renverse... Le malheureux venait d'apercevoir son enfant pendu à une poutre par un crochet qui lui traversait le cou de part en part !

Sauvetage d'un blessé.

Un jeune marin du cuirassé « Regina Elena » était

fiancé a une jeune fille ensevelie sous les décombres d'une maison.

Ayant obtenu de son commandant l'autorisation de travailler avec quelques camarades au sauvetage de sa fiancée et des autres personnes ensevelies sous les mêmes décombres, le marin s'est acharné à de vaines recherches pendant quatre jours.

Aujourd'hui, en proie au désespoir et épuisé de fatigue, le marin s'est endormi.

peine sortie de ruines, a repris connaissance et a serré le marin dans ses bras, l'embrassant avec furie.

Elle a déclaré qu'un profond sommeil l'avait prise tout de suite après la catastrophe et qu'elle avait rêvé qu'elle parlait avec son fiancé, quelques heures avant sa délivrance.

Lisez celle-ci. A Messine, une femme, une mère de

A la recherche de victimes.　　　Photos Gaumont.　　　Une mère et son enfant retirés des décombres

Tout à coup, il a rêvé de sa fiancée, qui lui disait : « Je suis vivante. Viens! sauve moi! » Aussitôt, il s'est réveillé et a supplié ses camarades de reprendre leurs fouilles pour la dernière fois.

Ses efforts ont été miraculeusement couronnés de succès, car, après quelques heures, il a retrouvé sa fiancée et l'a retirée vivante des ruines.

La jeune fille, qui était dans un état comateux, à

famille, emportée par les décombres, roule presque dans la cave de sa maison. Elle vécut trois jours ensevelie, mais sans pouvoir faire le moindre mouvement. Son mari et ses trois fils étaient restés écrasés à l'étage supérieur. Eh bien ! la pauvre femme sentit tomber sur sa tête, ses bras et sa poitrine en gouttes chaudes d'abord, terriblement froides ensuite, le sang de son mari et de ses enfants. Cette pauvre femme est arri-

Sains et saufs. — Photo Gaumont.

...vée à Naples dans un état lamentable. Elle a encore sur son corps les traces des siens. Elle ne se rappelle plus son nom.

L'Odeur des morts et le parfum des fleurs.

Pour terminer cette revue de Reggio et de Messine suppliciées, publions l'article envoyé par M. Guelfo Civinini au *Corriere della Sera.*

Cette page, si émouvante, est en même temps un chef-d'œuvre de littérature.

Messine, 1 janvier.

... Je suis retourné, tout à l'heure, errer dans les rues de Messine : j'ai erré comme un homme fou à travers l'immense désert de plâtras, de granit où les pioches travaillent, infatigables, jour et nuit, découvrant sans cesse d'autres corps, d'autres corps encore !

J'ai recueilli pieusement, à côté du cadavre d'une jeune fille, un paquet de lettres éparpillées et dont le ruban bleu traînait dans la boue... Au hasard, j'ai parcouru l'une d'elles : « Ta chère lettre si tendre, disait-elle, m'a rendu fou de joie ; je n'ai pu dormir de la nuit.... Ma chérie, ma fiancée... Je frémis encore au souvenir des heures que nous avons passées hier ensemble, aux choses si douces que tu m'as dites. Comme ces instants se sont vite envolés !... »

Les pioches continuent à frapper le sol, mettant à jour des molles soies fragiles, des dentelles, des objets menus, charmants et futiles, des débris de toutes sortes, hachés, pulvérisés lamentablement... Un coup de pique plus fort, fait jaillir un violent parfum de violettes. Il nous arrive brusquement, étouffant l'odeur des cadavres qui nous saisit à la gorge... On se penche, on regarde, un flacon de parfum, heurté par la pioche, s'est brisé. Puis, tout de suite après, apparaît un visage de femme tuméfié, aux dents très blanches, à la longue chevelure d'or. Un éclat de sanglots, un hurlement atroce ; quelqu'un à côté de moi tombe à genoux, et se met à gratter désespérément la terre pour dégager le visage défiguré... Je m'enfuis éperdu.

Soldats dans les ruines — Photo Gaumont

41

Messine.   Via Garibaldi.   Photo Gaumont.

Messine.   Rue dévastée.   Photo Gaumont.

Messine.   Transport de blessés.   Photo Gaumont

Plus loin, dans ce qui fut le manége de l'École militaire, on a creusé quatre grandes fosses où l'on ensevelit les innombrables morts. Un à un ces pauvres corps gonflés, noircis, décomposés, sont jetés pêle-mêle... riches ou pauvres, tous réunis dans leur suprême demeure.

Les civières sur lesquelles on les transporte ont pour drap mortuaire toutes les loques trouvées dans les décombres. Avec elles, *ils* ont été ramassés ; avec elles, *ils* roulent dans les vastes trous béants, se drapant dans leur chute en des poses atrocement grotesques. Un grand cadavre d'homme s'est enroulé dans une éclatante étole d'église ; une vieille femme à la bouche édentée est enveloppée dans une somptueuse robe de soie mauve ornée de dentelles blanches ; une jeune fille en chemise, lancée dans la grande fosse, a pirouetté sur elle-même et est retombée de tout son long en se couvrant la figure de son bras replié.

Et c'est ainsi partout... Partout ce n'est que mort

et que douleur. A chaque pas, une atrocité inattendue, épouvantable.

J'ai compté les maisons encore debout... il y en a huit.

La nuit, lorsque les cuirassés du large développent en éventail les rayons de leurs projecteurs sur l'amphithéâtre de la ville détruite, le spectacle de ces ruines aux contours tourmentés est indescriptible. Là-bas, près du débarcadère de la capitainerie on découvre comme un fourmillement immense qui, lorsque la terre paraît trembler, pousse des cris de terreur. Ce sont les survivants qui n'ont pas voulu abandonner Messine qui se meurt. De temps en temps les feux des projecteurs les quittent, et alors, envahis par l'épouvante de l'obscurité, leurs clameurs demandent de la lumière, de la lumière !

. . . .

Les ruines sont là-bas au pied de la colline ; tout près, cet amas de décombres, c'est la voiture écroulée de la caserne des carabiniers, où pourrissent trois

Photos Gaumont.

Campements improvisés dans les rues de Messine.

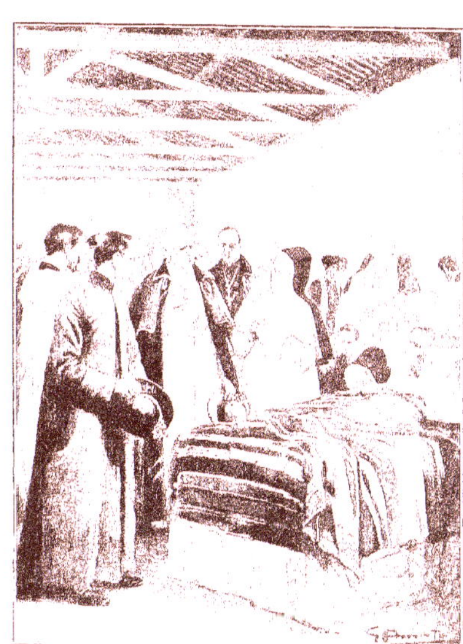

S. S. PIE X
rendant visite aux blessés soignés, sur sa demande, à l'hôpital du Vatican

...cents cadavres... Plus loin, vers l'embouchure du détroit, les villages de Gannri et de Sainte-Agathe, ainsi que celui du Faro ne sont plus que des amoncellements de plâtras. Nous les apercevions hier en passant en bateau sous l'éclatant soleil qui nous donnait l'illusion du printemps, avec leurs maisons effondrées et croulantes ; sur la plage, la foule tendait vers nous les bras, implorant du secours...

Par delà le détroit, au pied des montagnes de Calabre couvertes de neige, s'étend la désolation des ruines. Azzarello, Villa Santa-Stefano, Cannitello et plus bas, avec une tache qui de loin conserve encore l'aspect d'une ville : Reggio...

Mais ici, sur la hauteur où nous nous trouvons, fleurit, autour de la table sur laquelle j'écris, un jardin merveilleux de roses et de violettes : un paradis aux portes de l'enfer.

Comme on y respire la vie à pleins poumons, après avoir vu de si près les affres de la mort !

Je ne sais pas encore à qui appartenait cette délicieuse villa restée à peu près intacte, où nous nous sommes réfugiés à un kilomètre de Messine, et à l'ombre de laquelle sont deux tentes qui nous abritent. Je sais seulement que ses propriétaires sont morts.... tous.

Ils étaient allés passer les fêtes à Messine ; ils sont à présent enfouis dans l'énorme charnier, duquel arrive jusqu'ici des bouffées de l'odeur abominable...

Quelle chose atroce ! Quelle pitié, que cette maison abandonnée, cette pauvre maison de morts.

Comme ils devaient aimer la vie, comme ils devaient se sentir heureux, ces maîtres qui ne rentreront plus jamais dans la maison aimée.

Dans les pièces, où quelques plâtras à peine sont tombés, où le tremblement de la terre a dérangé seuls quelques bibelots : dans le jardin ensoleillé où les parterres de violettes révèlent la douce présence d'une femme, où les jasmins se penchent au-dessus de la terrasse qui surplombe le détroit, en balançant leurs rameaux légers ; du bois d'olivier qui contourne la maison et d'où m'arrive un pépiement de merles et de rouge-gorges, tout embaume et parle de bonheur.

Ceux qui vivaient là ne sont plus qu'un amas informe, l'incendie les a peut-être carbonisés, ou bien l'un d'eux agonise encore et pleure, et appelle la

Leurs Majestés le Roi et la Reine d'Italie.

maison riante et ses roses, ses violettes — toutes ces chères choses intimes, aimées, qu'il ne reverra plus !

GUELFO CIVININI.

VI.

Un article de Camille Flammarion.

Les légendes de l'antiquité, même les plus fantastiques, sont généralement fondées sur d'anciens souvenirs. *Tomber de Charybde en Scylla* était une locution usuelle chez les Latins. C'est l'équivalent de notre proverbe *Aller de mal en pis*. Or, Charybde est un perfide tourbillon dans la mer, en face de Messine et le rocher de Scylla se trouve vis-à-vis, sur la côte de la Calabre. C'est là que vient de se produire l'effroyable cataclysme qui met en deuil toute l'Italie, toute l'Europe, toute l'humanité. Les terreurs infernales, attachées depuis tant de siècles à cette région, ont eu certainement pour origine des catastrophes, des bouleversements, des tragédies analogues au mouvement géologique qui vient de détruire Messine, Reggio et toute la côte calabraise.

Nous pouvons penser que l'une de ces convulsions du sol a ouvert autrefois le gouffre redouté de Charybde, sur lequel les navires anciens n'osaient s'aventurer qu'à contre-cœur, et dont ils préféraient parfois éviter les dangers en faisant le tour entier de la Sicile. On n'évitait Charybde que pour se jeter sur Scylla. Depuis les temps mythologiques de Vulcain, qui tenait sa forge sous l'Etna, aucun siècle ne s'est écoulé sans qu'une catastrophe plus ou moins grave n'ait secoué cette terre volcanique. La plus désastreuse avant la dernière, a été celle de 1783, qui s'est propagée jusqu'à une distance de près de 300 kilomètres, tant sur mer que sur terre. Dans cette commotion, comme dans la dernière, le fond de la mer fut agité de secousses si violentes que les vagues envahirent les terres et qu'à Bagnara deux mille habitants furent entraînés dans les flots. Elles avaient atteint quinze mètres de hauteur, comme à Lisbonne, en 1755. Ce tremblement de terre de 1783 ne fit pas moins de 60,000 victimes.

Les tremblements de terre ont plusieurs causes. En général, ils sont le résultat de la contraction séculaire du globe terrestre provenant de son refroidissement graduel. Cette contraction n'est pas uniforme. Il se produit des plissements, des affaissements, des effondrements, des déformations, des rides. Les cartes de la distribution géographique des secousses sismiques nous les montrent le long des grandes cassures de l'écorce terrestre, notamment en Italie, en Asie mineure, au Japon, et le long de la côte orientale du Pacifique, Amérique du Sud et Amérique du Nord. Ce travail de contraction s'opère sans cesse, et pas un seul jour ne se passe sans tremblement de terre. Il y en a même, chaque année, une centaine d'assez violents pour secouer la masse entière du globe et avoir leur répercussion jusqu'à leurs antipodes. Oui, il y a chaque année une centaine de tremblements de terre assez intenses pour traverser le globe terrestre tout entier.

Ce ne sont pas de simples effondrements. Il y a des mouvements tournants, des soulèvements, des pressions verticales de bas en haut, des poussées de gaz élastiques. La chaleur, l'eau chaude, la vapeur surtout y sont en action.

Dans les contrées de constitution volcanique, comme dans le triangle géodésique italien dont les pointes sont marquées par le Vésuve, l'Etna et le Stromboli, nous ne saurions nous résoudre à ne voir là que des effondrements tectoniques ou orogéniques. Il s'y ajoute des manifestations toutes différentes.

En Calabre, en 1783, les maisons sautaient en l'air comme si elles avaient été projetées par l'explosion d'une mine.

A Riobamba, en 1797, un grand nombre d'indigènes furent lancés sur une colline de 150 mètres de hauteur, située de l'autre côté de la rivière.

A Port-Royal de la Jamaïque, en 1692, des personnes qui traversaient la place furent lancées par-dessus les ruines jusque dans le port, et purent se sauver à la nage.

Le 28 décembre dernier, plusieurs bateaux qui arrivaient dans le port de Messine, ont ressenti, en

Sans famille et sans toit.   Photo Gaumont.

pleine mer, un choc violent, porté de bas en haut, comme si la carène avait touché. Ils crurent à la rencontre d'une épave sous-marine. Ce sont, du reste, ces soulèvements brusques du fond de la mer qui donnent naissance aux flots si improprement appelés raz-de-marée, en provoquant à la surface de la mer (l'eau étant incompressible) une extumescence qui se propage au loin et se précipite avec violence sur les rivages.

Le chef de gare de Reggio, qui a échappé à l'effondrement de la station, raconte que presque immédiatement après le choc, une fissure de près de vingt mètres de large s'ouvrit et qu'un torrent d'eau bouillante s'en échappa, s'élançant à plusieurs mètres en l'air. Plusieurs personnes ont été échaudées par ce geyser d'un nouveau genre.

Au même endroit, un wagon dans lequel se tenait une fillette de douze ans a été soulevé et lancé contre un hangar ; la tête de l'enfant a été tranchée et jetée à la mer, et le corps est resté pendu à la porte du wagon.

Un autre témoin oculaire raconte qu'à Cannitello, le fond de la mer s'est soulevé comme si une explosion l'avait projeté verticalement.

On télégraphie de Rome, à la date du 1er janvier, que les secousses ont continué à Messine, que des crevasses se sont ouvertes et que des jets d'eau bouillante surgissent.

Le directeur de la *Gazette de Messine*, M. Valado,

Messine. — Via Cavour.   Photo Gaumont.

qui parvint à s'enfuir, rapporte qu'à la première secousse, il fut projeté deux ou trois fois à un mètre de hauteur.

Sans doute, les effondrements souterrains ne s'effectuent pas régulièrement, et des roches, en tombant d'un côté, peuvent se relever de l'autre, et produire des chocs, plus ou moins obliques : mais on ne voit pas trop comment ces chocs arrivant à plusieurs kilomètres de profondeur, produiraient les élancements de bas en haut, si souvent observés, qui donnent les uns et les autres l'impression d'explosions verticales.

Ce sont là des faits d'observation dont il faut tenir compte dans toute théorie.

Messine. — La Croix-Rouge. — Photo Gaumont.

En ces derniers temps on attribuait tous les tremblements de terre, comme les volcans, à la poussée de la vapeur d'eau enfermée dans les entrailles de la terre. Maintenant, certains géologues n'en veulent plus du tout, se contentant des effondrements tectoniques, qui pourtant n'expliquent ni les poussées verticales, ni les tournoiements, ni les ondulations du sol. Nous sommes toujours portés aux extrèmes, Tout l'un ou tout l'autre ! Cependant, il n'est pas douteux que des millions de mètres cubes de vapeur d'eau ne soient lancés des cratères du Vésuve et de l'Etna pendant les grandes éruptions, et qu'il n'y ait, par conséquent, de la vapeur d'eau dans ces régions souterraines. Dans les terrains volcaniques, comme ceux de la Sicile et de la Calabre, ni les eaux chaudes, ni la vapeur ne sont absentes. Pourquoi n'entreraient-elles pas en jeu dans la production des mouvements observés ?

D'ailleurs, ces catastrophes sont très souvent accompagnées d'orages et de pluies diluviennes. Et c'est précisément ce qui est arrivé à Messine le 28 et les jours suivants.

Il me semble qu'il y a d'autant plus de probabilités à attribuer certains effets à la tension de la vapeur dans le sous-sol de Reggio et de Messine, que l'Etna, le Stromboli et le Vésuve ne fonctionnent pas actuellement.

Comme l'a fait remarquer Elisée Reclus, « Messine

Messine. — Marins à l'œuvre. — Photo Gaumont.

se trouve située sur la ligne de jonction qui réunit les deux foyers volcaniques de la Sicile et de l'Italie méridionale, et peut-être que sa position dans l'espèce de fossé formé par le détroit contribue encore à augmenter le danger. Peu de cités en Europe sont plus directement menacées que Messine par les tremblements du sol ».

Il y a là, pour toute cette contrée, si souvent dévastée, double danger : l'instabilité des couches géologiques profondes dans ces terrains qui ne sont

pas encore définitivement établis, et la constitution
volcanique de tout le pays. Pendant bien des siècles
encore, ce sol continuera de trembler. La prudence la
plus élémentaire ordonnerait, non pas sans doute d'a-
bandonner ces rives méditerranéennes, d'autre part si
gracieuses, si riantes, si voluptueusement caressées
par le soleil, et de dire un éternel adieu à ses bosquets
d'orangers, à ses fleurs, à ses vignes, mais de cesser
d'y construire ces lourds et massifs édifices de pierre
qui s'effondrent et écrasent leurs habitants. De légères
maisons, un seul étage, en fer, en bois mis à l'abri du
feu, en carton, comme au Japon, seraient infiniment
mieux appropriées à cet état d'instabilité.

Messine.   Escapés.   Photo Gaumont.

Un rescapé de Messine, un cordonnier, ne racon-
tait-il pas, l'autre jour, qu'il n'a dû son salut et celui
de sa famille, qu'à ce fait qu'il habitait une baraque
d'un seul étage et de construction légère. Les architectes ne pourraient-ils s'inspirer de ces constatations
pour créer de nouveaux types de construction ?

La science, malgré ses magnifiques progrès, ne peut
malheureusement ni empêcher ces catastrophes, cela
va sans dire, ni même seulement prévoir les dates
fatales auxquelles elles doivent se produire. L'humanité tout entière est désarmée devant ces fléaux de la
Nature. Elle sent son impuissance absolue. Mais elle
sent en même temps la solidarité de tous les cœurs. Il
n'y a plus ici aucune distinction de races, d'opinions,
de croyances, de frontière. Le genre humain tout
entier se trouve resserré, en face de ces effroyables
désastres, dans les liens étroits d'une seule et même
famille, et tous les hommes se sentent frères. Les
malheureux survivants du cataclysme voient toutes les
mains se tendre vers eux pour les secourir; mais
combien de milliers sont tombés, les deux premiers
jours d'affolement, victimes de leur isolement ! L'impossible serait fait pour panser les blessures et
ramener la tranquillité et la vie normale après le
cauchemar de la nuit sinistre. C'est dans ces jours de
deuil que l'humanité exprime le mieux, peut-être, sa

Messine.   Embarquement d'escapés.   Photo Gaumont

Croix Rouge de la marine russe

grandeur morale et sa valeur intellectuelle, à la surface de cet atome terrestre habité par des atomes pensants, roulant sous les profondeurs de l'infini.

Camille Flammarion.

A l'Observatoire de Messine.

Le professeur Émile Oddone, du bureau central de météorologie et de géodynamique de Rome, qui était parti le 31 décembre pour Messine afin d'étudier sur place le terrible phénomène tellurique, est rentré à Rome avec une série de constatations du plus haut intérêt.

Par le plus grand des hasards, le laboratoire sismique, situé dans un souterrain, sous l'observatoire de Messine, était resté intact, et c'est grâce à cette circonstance que M. Oddone put poursuivre ses recherches. Il retrouva même dans un parfait état le micro-sismographe Vincentini, avec toutes ses enregistrations jusqu'au moment de la catastrophe.

Il a pu ainsi relever sur les graphiques de l'appareil datés du 27 décembre, veille de la catastrophe, de très fortes vibrations vers 5 heures du matin. A partir de ce moment jusqu'au 28, à 5 heures du matin, on ne remarque pas la moindre déviation des aiguilles. Mais, à 5 h. 20, elles ont marqué sur le papier deux énormes déviations, à ce point que l'une d'elles s'est écartée, par suite du dénivellement subit du sol, d'environ 5 centimètres du tracé normal. Puis les mouvements telluriques continuent à être enregistrés jusqu'au 29 à midi, heure à laquelle le mouvement d'horlogerie du sismographe s'est arrêté naturellement. Le phénomène se trouve donc photographié pour ainsi dire par le diagramme.

De l'étude de ce dernier et des témoignages recueillis, M. Oddone conclut, dès à présent, que le tremblement de terre aura commencé par un léger frémissement qui est allé en croissant pendant dix secondes, puis a diminué pendant dix autres secondes. Tous les survivants confirment d'ailleurs cette interprétation : ils parlent en effet d'un intervalle de calme complet, suivi d'abord d'une secousse ondulatoire, d'une effroyable augmentation d'intensité et ensuite de détonations souterraines d'une violence extrême, qui marquèrent le moment précis de l'horrible catastrophe.

Recherche de survivants dans les ruines de Messine.

Messine.   Effondrement d'une maison   Photo Gaumont

Messine. – Ruines en feu.   Photo Gaumont.

Messine.   Rue en ruines.   Photo Gaumont.

M. Oddone s'est tenu, dès son arrivée, jour et nuit dans une cabane près de l'observatoire et a pu ainsi enregistrer un très grand nombre de nouvelles secousses, accompagnées de grondements souterrains et d'explosions, mais d'une violence considérablement atténuée.

Sans admettre que nous traversions, avec les catastrophes de Kingstown, de Valparaiso et de San-Francisco, une période sismique particulièrement critique, le savant professeur déclare qu'il faut étudier avec soin si le dernier tremblement de terre n'a pas coïncidé avec le passage d'une tache solaire devant le méridien central ; ses études précédentes lui ont en effet permis d'établir qu'il en avait été ainsi pour 86 0/0 des secousses terrestres mondiales.

Enfin, M. Oddone estime que les effets du raz de marée, quoique réels, ont été exagérés. Ce raz de marée ne se serait, d'après ses observations, produit que quelque temps après le tremblement de terre, parce que le sol se serait abaissé d'environ trois mètres.

Enterrement dans les ruines de Messine

VII.

La terre a tremblé en Belgique... jadis.

Contre la guerre, il y a la force ; contre la tempête, il y a l'adresse ; contre la maladie, il y a le remède et le médecin, efficaces ou non. Contre le tremblement de terre, il n'y a rien.

Mais une catastrophe comme celle qui vient d'épouvanter le monde n'est pas à craindre en Belgique, au moins pendant la période géologique actuelle. Les tremblements de terre, on le sait, sont produits le plus souvent par les mêmes causes que les éruptions volcaniques ; or, les régions volcaniques les plus proches de nos contrées, les seules dont nous pourrions ressentir gravement l'influence, sont l'Eiffel et l'Auvergne, et les volcans de ces régions sont éteints depuis des milliers de siècles : l'homme ne les a peut-être jamais vus en activité ! Le refroidissement continu de l'écorce terrestre déterminera sans doute plus tard la formation de nouveaux volcans, provoquera de nouvelles dislocations de notre planète : M. M. Lohest, le savant professeur de géologie de l'Université de Liége, enseigne toutefois que nous pouvons être tranquilles durant quelques centaines de millions d'années encore...

Dans les temps passés, à en croire les chroniqueurs

Intérieur d'une maison en ruines.

... complaisamment suivis d'ailleurs par Torfs en se-
« Fastes des calamités publiques » — certains tremblements de terre auraient provoqué en Belgique de
véritables catastrophes, faisant s'écrouler les villes et
perdre la vie à des milliers de victimes. On ne s'éton-
nera pas que les savants modernes aient relégué leurs
récits parmi les fables, tant est grossière l'exagération
dont ils témoignent. Nous savons, au surplus, qu'à ces
époques lointaines tous les phénomènes inattendus,
peu fréquents et d'aspects plus ou moins mystérieux,
comme les comètes, les aurores boréales, de grandes

pluies d'étoiles filantes, etc... avaient le don de surex-
citer les imaginations et de donner naissance à d'in-
croyables relations de ces phénomènes ; les faits
étaient d'autant plus dénaturés et grossis qu'un plus
long laps de temps en séparait le narrateur.

Le premier tremblement ressenti dans nos provinces, d'après les sources connues jusqu'à ce jour, se
serait produit en 330 à Tournai. Il aurait abattu la
flèche du beffroi et plusieurs maisons, tué quinze personnes et blessé un grand nombre d'habitants. Seulement, les beffrois n'existaient pas encore en Belgique
à cette époque : celui de Tournai date du XIIe siècle !

Un autre tremblement de terre est signalé à Tournai
en 562. La commotion, dit un manuscrit cité par
l'intarissable compilateur Hoverlant, dura trois heures,
renversa mille habitations et tua trois cents personnes.
C'est beaucoup !

Selon Hériger, une autre secousse eut lieu, dans le
Limbourg cette fois, vers l'an 615. Toutes les nouvelles constructions de Tongres, qui venait à peine d'être
saccagée par les Barbares, se seraient écroulées.

En 630, Tournai est derechef éprouvé : un tremblement de terre endommage « la cathédrale », une cathédrale antérieure probablement à celle qui existe
encore et qui est du XIe siècle. Le Tournaisis avait
décidément la spécialité des secousses sismiques, car
en 851, d'après certains annalistes, sa capitale fut de
nouveau secouée « durant cinq jours et cinq nuits »
et plusieurs édifices furent renversés.

L'an 1000 fut marqué en Belgique par une forte
secousse. Beaucoup de gens, disent les chroniqueurs,
crurent leur dernière heure venue.

Suivant Gérard Bertryn, en 1118, « il y eut un
grand tremblement de terre à Liège et à l'entour,
accompagné d'effroyables coups de tonnerre et de
foudre, et d'une pluie inouïe, tellement que des maisons sans nombre s'écroulèrent et que beaucoup de
personnes furent écrasées ». Le témoignage repose
uniquement sur un ou-dit d'Anselme de Gembloux,
convenablement grossi à la manière de l'époque.

En 1181, Remmerus Valerius note « un tremblement

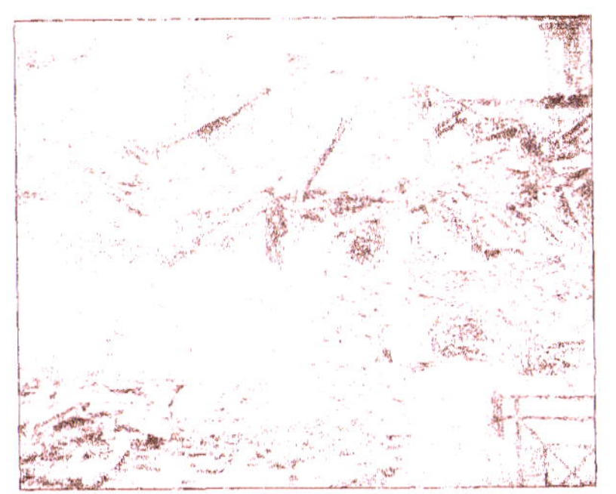

MESSINE — RUES EN RUINES.

Photos Gaumont.

de terre effroyable à Malines, par lequel la ville a été
fort endommagée ».

Le XIVe siècle fut fécond, au dire des anciens
historiens, en tremblements de terre. Il y en eut un le
14 août 1317, qui ravagea le pays de Liége, les comtés
de Namur, de Hainaut, d'Artois et de Flandre, et fit
deux cent quarante-six victimes à Ninove, Grammont
et Renaix. Il y en eut en 1342, en 1346, en 1350 et le
21 mai 1381 : à l'occasion de ce dernier, on décapita
à Ypres, d'après Olivier de Dixmude, quatre hommes
accusés d'avoir, par leurs sortilèges, provoqué la catastrophe ! Enfin, en 1395, une « terrible secousse »,
dit-on, se fit sentir depuis la Ruhr jusqu'à l'Escaut,
« et des maisons furent renversées à Anvers ». Mais
l'Anversois Grammaye, qui se distingua ici de ses
fantaisistes confrères, constate simplement que les
trépidations du sol furent assez fortes pour faire
tomber les plats et les assiettes de leur étagères. Le
même fait s'est répété à 513 ans d'intervalle en Wal-
lonier lors du dernier tremblement de terre enregistré
dans notre pays : celui du 12 novembre 1908.

Le 9 mai 1499, à Bruges, alors à l'apogée de sa
splendeur, une secousse fut tellement forte que les
navires, parait-il, s'entrechoquèrent dans le bassin,
« lesquelles choses, dit Jacques de Meyer, aussi inouïes
qu'effrayantes, répandirent en Flandre une horreur
profonde ». C'est le dernier tremblement de terre pré-
tendûment désastreux.

A partir du XVIe siècle, les observations sont plus
scientifiques. Des tremblements de terre sont signalés
dans notre pays en 1554, en 1563, en 1569 et le 6
avril 1580. Celui-ci s'étendit de Paris à Cologne et
même jusqu'à York en Angleterre. Une vieille tour
s'écroula près de Sichem. Un témoin oculaire, à Aude-
narde, dit que « le mercredi après Pâques, entre 5 et
6 heures de relevée, il y eut un tremblement de terre
qui dura deux à trois « Pater » ; les maisons oscillèrent
« de deux pieds ».

Le 18 septembre 1692, une secousse ébranla l'Allemagne, les Pays-Bas, la France et l'Angleterre. A
Malines, un enfant fut tué par la chute d'une chemi-
née. A Spa, une des sources d'eau minérale, celle de
la Géronstère, disparut momentanément ; mais, peu
après, elle se fit jour à quelque distance de son em-
placement primitif.

Le tremblement fameux de Lisbonne, survenu le
1er novembre 1755, et qui fit périr 35.000 personnes,
fut ressenti jusqu'en Belgique ; il produisit notamment
une forte marée et une crue subite de l'Escaut. Dans
le pays de Liége, quelques édifices furent lézardés.
Un fait extraordinaire fut observé à Chaudfontaine :
les eaux thermales y acquirent une température plus
élevée. En une foule d'autres localités, les eaux des
étangs se troublèrent et devinrent bourbeuses.

Continuons notre énumération. Il y eut encore des
tremblements de terre en Belgique en 1756, en 1759,
en 1760, en 1762, en 1763, en 1767, en 1776, en
1800, en 1808, en 1809, en 1818. Il y en eut un le 23
février 1828 qui fut un des plus intenses du XIXe
siècle, renversa une maison à Jemeppe et précipita les
cheminées dans les rues à Liége, Tirlemont, Tongres
et Huy. Il y en eut en 1837, en 1843, en 1846, en 1848,
en 1849, en 1855, en 1865, en 1867, en 1869, en
1872, en 1873, en 1877, en 1878, en 1879, en 1881,
en 1882, en 1883, en 1887, en 1895, et enfin le 12
novembre 1908.

Ceci, bien entendu, sans parler des secousses imper-
ceptibles enregistrées seulement par les instruments
spéciaux des observatoires, les « sismographes », et
auxquelles les hommes et les animaux sont demeurés
insensibles. Le dernier tremblement un peu sérieux
est celui du 2 septembre 1869 : une forte secousse fut
ressentie vers 9 heures du soir sur une étendue considérable du pays, notamment dans le Hainaut, une
grande partie du Brabant et quelques points des Flan-
dres ; elle venait du Pas de-Calais, vers Arras et Douai.

M. Albert Lancaster, le regretté météorologiste qui
a étudié avec une admirable minutie nos tremblements
de terre, constate qu'en Belgique la plupart des
secousses se propagent de l'est à l'ouest, du nord-est
au sud-ouest, ou du sud-est au nord-ouest. Le foyer
principal des ébranlements est dans le bassin de la

Ruhr, notamment dans le voisinage de Robbac, près d'Aix-la-Chapelle. Quelques ébranlements proviennent aussi de la vallée de la Scarpe, dans le Pas-de-Calais.

Mais, encore une fois, les dangers d'un tremblement de terre, en nos régions, sont à peu près nuls.

Les grands tremblements de terre du siècle.

Voici, la liste chronologique des plus terribles tremblements de terre qui se sont produits depuis un siècle :

		victimes
1822	Destruction d'Aleppo	20,000
1829	Espagne, notamment Murcie	6,000
1842	Cap Haïtien	5,000
1856	Calabre	10,000
1861	Mendoza (Amér. du Sud)	7,000
1868	Pérou	25,000
1883	Iles d'Ischia	1,990
1885	Serinager	3,081
1888	Yunan (Chine)	4,000
1889	Asie Mineure	1,600
1902	Schemacha (Transcaucasie)	2,000
1902	Érupt. Mont Pelé (Martin.)	30,000
1902	Saint-Vincent	2,000
1902	Turkestan	10,000
1905	Sicile et Calabre	2,500
1905	Boxe-Frécase	300
1906	San Francisco	1,000

Messine. — Torrent comblé par les ruines   Photo Gaumont

VIII.

Dernières Nouvelles.

Il importe maintenant de noter les derniers remous, les derniers cris de la terre convulsée.

La longue secousse de la nuit du 28 au 29 décembre a eu sa répercussion dans les deux mondes. Dans l'Italie entière et en France, en Autriche, au Portugal, au Mexique les appareils sismographiques ont enregistré des tremblements de terre répétés. A Reggio même, un effroyable cyclone a détruit, le 10 Janvier, le peu de constructions que le grand séisme avait laissées debout.

D'autre part, le professeur Gravenitz, de l'Institut géo-

logique de Vienne, qui préside aux travaux de
sondage dans le détroit, prévoit la formation possible
d'un isthme entre Messine et Reggio.

On a remarqué une élévation du fond de près de
1.200 pieds en certains endroits. Le mouvement ascen-
dant est régulier, quoique très faible.

Pendant quinze jours, les sauveteurs établis
à demeure dans les villes ravagées ont retiré
les victimes des décombres. Il en est de ces
victimes qui ont montré une résistance vitale
presque effrayante. Le 12 janvier à midi, un
lieutenant d'infanterie sauvait encore une petite
fille de 3 ans vivante et
sans blessures.

* * *

Jeudi 7 janvier, dans un
air gris et lourd, au milieu
des ruines encore tremblantes, l'archevêque de Messine
a tenu à chanter des absou-
tes solennelles.

Il officiait, assisté des quelques prêtres échappés au
désastre. La foule suivait,
nu-tête, en très long cor-
tège.

Un journal français a don-
né de cette cérémonie un
récit ému :

Au passage de la proces-
sion, écrit-il, les soldats por-
taient les armes et saluaient,
s'inclinant profondément.

L'archevêque s'est arrêté
contre les parois de zinc du
marché aux poissons. Sa
haute taille, pliée en deux

par l'âge et les douleurs, ressort au milieu de la foule
vêtue de noir. Les larmes sillonnent sa figure déjà
ridée par la vieillesse, et des sanglots lui montent à la
gorge quand il commence à prononcer les mots solen-
nels : *Requiem æternam*.

La prière de paix s'envole des lèvres fatiguées et
monte dans l'air sombre. Toutes les têtes sont incli-
nées vers la terre ; les femmes répondent : « Requiem
æternam ».

Ses mains, presque transparentes, se sont levées
pour bénir, et toute sa personne s'est dressée dans ce
geste dont il enveloppe la ville entière. *Dona eis*, l'in-
vocation solennelle, passe comme un souffle sur l'as-

Messine. — Maison écroulée dans la rue

57

Reggio. Corso Garibaldi.

sistance. Toute sa fatigue physique est disparue, sa voix est forte et ferme comme un roulement de tonnerre.

Les prêtres répondent : « *Requiem æternam* ». Le sens des mots disparaît et il ne reste devant nos yeux que le grand cadavre en présence de Dieu.

Requiescant in pace. Il n'a plus résisté. Trop d'angoisse est en lui pour sa ville finie, pour ses hommes tués, pour tout ce dont il sanctifie aujourd'hui la mort, et ces derniers mots de paix finissent dans un grand sanglot qui arrive à tous, aux proches et aux lointains, aux soldats et aux femmes.

Pour un instant, les pleurs hésitent, puis éclatent violemment, sans fin. Tous pleurent à grands cris, l'invoquant, dans le patois de Messine, que la Vierge donne la paix éternelle à la ville morte.

C'est trop. Les yeux se noyaient dans les larmes. Nous autres aussi, reporters de morts et de catastrophes, qui avions fait un apprentissage d'indifférence et d'insouciance professionnelle, nous avons été atteints par la même douleur.

Nous laissons suivre un extrait d'une relation de l'envoyé du « Temps. »

On distribue des oranges aux pauvres gens mourant de soif et à qui on interdit autant que possible l'eau dangereuse des fontaines. Les distributeurs sont appuyés contre les murs fendus des Magasins généraux, entre la douane et la route de la gare, et au quai même est amarré le paquebot « Duca-di-Genova », siège du commandement de la place. C'est là que grouille le plus épais de la foule. Deux autres paquebots en partance, le « Taormina » et le « North-America », recueillent des fugitifs et des blessés, et des vieillards ; des femmes aux costumes disparates se lamentent sur le quai, attendant les barques insuffisantes. Un remous de peuple, des gens qui se lèvent, d'autres qui saluent. Qui vient là ? C'est un beau vieillard rasé, en soutane noire à ceinture violette, très pâle, mais à la démarche ferme, qui bénit la foule ; c'est l'archevêque, Mgr d'Arrigo, dont l'admirable conduite lui a valu le respect universel. On s'écarte, on s'incline, on s'agenouille, on pleure, on prie.

Quand voici que de la double haie du peuple respectueux et courbé, un homme sort : un vieil homme sans barbe, cheveux blancs hirsutes, poitrine ouverte et halée, mains noueuses et tremblantes, pieds nus, suivi de deux petits enfants. Et ce vieux transfuge dont les yeux sont rouges, la lèvre pendante, se jette directement aux pieds du prélat. L'arrête, lève vers lui deux bras amaigris, et d'une voix rugueuse et profonde.

d'une voix qui semble venir du fond de la terre agitée,
il s'adresse au représentant de Dieu, comme si c'était
Dieu lui-même.

— Monseigneur, monseigneur ! Vous qui parlez au
bon Dieu, vous que le bon Dieu écoute, dites-lui qu'il
nous pardonne, dites-lui qu'il ait pitié, dites-lui qu'il ne
recommence pas, monseigneur, monseigneur !

Et tandis que le prélat, plus pâle encore d'émotion,
essaye de relever le vieil homme plaintif et pose les
mains sur la blanche tête nue, l'homme du peuple se
jette dans le récit de la catastrophe en images violentes.

— Monseigneur, monseigneur ! Si vous aviez vu !
La terre s'ouvrait. Il pleuvait de la mort. On nous
jetait des pierres du haut du ciel. J'ai perdu mon fils
et trois petits-enfants. Ils sont sous la terre. Pourquoi
suis-je resté, moi si vieux, puisque c'était
la fin du monde pour les autres !

Puis montrant les deux petits survivants :

— Mais pour ceux-là, monseigneur, que
Dieu pardonne, que Dieu ait pitié ! Que
son tonnerre épargne le pauvre monde !
Nous ne sommes pas méchants, monseigneur, dites à Dieu que nous sommes
bien malheureux ! Pitié, pitié !

Et tandis que l'évêque cette fois pleure,
les paroles sortent, hachées, râlantes, toujours les mêmes, de cette voix rauque et
désespérée, de cette voix d'illettré sublime,
qui, à cette heure triste et dans un cadre
formidable, retrouve, en son langage rude,
les termes mêmes du fameux psaume dans
lesquels les Hébreux suppliaient le Seigneur
de pardonner à son peuple.

Mais voici que le vieil homme se tourne
vers nous, et d'une voix irrésistiblement
autoritaire quoique brisée de larmes :

— A genoux ! A genoux, tous !

Et tous, soldats, officiers, voyageurs,
transfuges, tous, de toutes nations, tous nous nous
agenouillons sous le geste étendu de l'archevêque
dont la voix tremble, et l'on entend comme un
chœur de sanglots monter de toutes les poitrines pen-
chées vers la terre, la méchante terre !

* * *

Solennelle, et émouvante par-dessus tout,
a été la séance du 8 janvier à la Chambre
Italienne.

Donnons en le résumé :

Les ministres sont présents, ainsi que toutes
les notabilités parlementaires. La salle et les
tribunes sont bondées.

Reggio. — Rione St. Lucia.

Cathédrale de Reggio.

Le président, M. Marcora entouré du bureau au complet, debout, prononce un discours. Tous les députés sont debout également. Plusieurs d'entre eux pleurent pendant que le président parle. Celui-ci commente la catastrophe et, au milieu des acclamations, envoie un salut aux souverains, aux escadres, aux matelots et aux soldats italiens et aux nations étrangères, qui se sont associés au deuil de l'Italie. Les acclamations se renouvellent lorsque le président dit que Messine et Reggio renaîtront de leurs ruines.

M. Giolitti, interrompu par des acclamations continuelles, affirme également que les deux villes renaîtront à la vie. Il envoie un salut à toutes les nations étrangères et dépose les projets en faveur des pays sinistrés.

Le président nomme une commission qui fera demain un rapport sur les projets.

La séance est levée.

Voici une liste, nécessairement incomplète, des villes et des villages détruits en Sicile et en Calabre, avec le nombre approximatif des victimes. Si incomplète qu'elle soit, elle donne une idée de l'immensité du désastre et des difficultés énormes qu'il y a à secourir, même temporairement, une centaine de villes, villages et hameaux.

Messine	108,000
Reggio	31,000
Palmi	1,500
Mileto	2,300
Bagnara	800
Villa San Giovanni	3,700
Pellaro	3,300
Scilla	2,800
Gallico	800
Cannitello	950
Gazzi	348
Bova	380
Villa San Giuseppi	520

Une église de Reggio après le désastre.

Torre di Faro   300
Pellegrino   310
Solano   280
Seminarra   300
Contessa   167
Sembratello   200
Scaletta   250
Santa Teresa   300
Novara, Sancta Lucia, Nizza   800
Castoreale   80
Canneto   200
Zianfrilina, Scala, Cumia, Cremonti, Cumiso,
Nardina, Tripodo, Mili, San Michele, Bordonaro   650
Ceramila   330
San Procopio   105
Pistorino, Tremestieri, Gnadririo, Spadafora   61
Gallina, Lazarro, Caloma, Rosali   575
San Roberto   200
Podengoni, Salice, San Gregorio   200
Montella, Ionico, Motta, San Giovanni, Melina,
Scrozzina, Sola   71
                                                          ──────────────
                                              Total   105.053

Cette liste ne comprend pas les décès qui se produi-
sent dans les hôpitaux.

*　*
*

Quelles sont les richesses détruites, quels sont les
dommages causés par la terrible convulsion tellurique,
qui a bouleversé une région aussi riche et aussi fertile ?

Il n'est pas facile de répondre avec précision à une
telle demande. Cependant, l'examen des plus récentes
statistiques commerciale et industrielles et les renseignements donnés par le directeur de l'office du
cadastre de Turin, au sujet des biens mobiliers et
immobiliers, permettent de faire un calcul approximatif, qui pourra donner une idée à peu près exacte
des dommages causés par le tremblement de terre du
28 décembre.

Le revenu immobilier annuel imposable était de

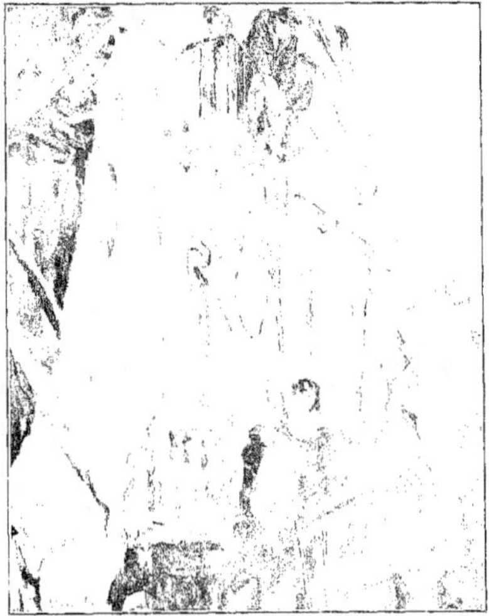

Reggio.   Marins anglais sauvant des enfants

3.086,000 lire, ce qui représente un capital de 80 millions, dont il ne reste plus rien. Dans ce chiffre,
naturellement, n'est pas comprise la valeur immo-
bilière de tous les bâtiments publics qui ne payent pas
d'impôt, ni, à plus forte raison, l'incalculable valeur
artistique des églises, des musées, des bibliothèques et
des archives.

Quant au revenu mobilier annuel imposable, il se
chiffrait par 2,301,799 lire.

Le chiffre annuel des escomptes et anticipations,

faits par les banques siciliennes et italiennes dans la circonscription de Messine, était de 35 millions pour les escomptes et de 16 millions pour les anticipations.

Le produit des taxes de timbre et d'enregistrement dénote aussi un remarquable mouvement d'affaires, car il est égal à un sixième de celui de Milan, qui est la ville la plus riche et la plus commerciale de toute l'Italie, et a une population trois fois supérieure à celle de Messine.

Le port pouvait contenir un grand nombre de navires amarrés à quai ou mouillés; il était le plus large, le plus profond et le plus sûr de toute la Méditerranée. Le seul bassin de radoub avait coûté quatre millions; la réfection de tous les travaux: quais, jetées, digues, phares, etc., en coûterait au moins une centaine.

Le mouvement maritime était de 3,000 navires par an; 100,000 tonnes de marchandises étaient embarquées. La valeur des échanges se chiffrait par 50 millions pour l'importation et par 16 millions pour l'exportation.

Au minimum, pour les seules valeurs marchandes, les pertes effectives sont de 500 millions pour Messine et de 130 millions pour Reggio. A cela il faut ajouter les pertes des autres communes de Sicile et de Calabre, également détruites, sans compter toujours les pertes en œuvres d'art, en joaillerie et en argent comptant.

Les pertes, conclut le directeur du cadastre, s'élèvent donc à plusieurs milliards.

Que les artistes se rassurent pourtant.

Le trésor de la cathédrale de Messine, d'une valeur inestimable, a été retrouvé en partie sous les décombres. Le professeur Salinas, surintendant des musées et monuments de Sicile, a retrouvé sous les ruines du musée le célèbre triptyque d'Antonello de Messine, en partie sauvé, quatre autres célèbres tableaux des primitifs flamands, soixante-quatorze vases de majolique

Découverte d'un cadavre à Bagnara.

Rade de Reggio après la catastrophe.

Reggio. — Une maison écroulée.

d'Urbino et de Faenza, plus sept caisses d'objets d'art
en argent. Dans la bibliothèque de l'université on a
retrouvé de précieux manuscrits grecs de saint
Basile et saint Grégoire de Nazianze, beaucoup de
manuscrits des époques chré-
tienne, byzantine et romane,
une rare collection des éditions
aldines et quantité de volumes.

*   *
*

Et les enfants ?... Car, il
ne faut pas oublier que l'on
a retiré des centaines d'enfants d'entre les ruines
amoncelées, des centaines
de mioches aux grands
yeux ahuris qui ne se rap-
pelaient rien, pas même le
nom de leurs parents
morts...

Ces enfants seront dé-
clarés enfants de la Patrie.
Un projet a été présenté à
la Chambre, tendant
à ce que l'Etat italien
pourvoie à leur entre-
tien, jusqu'à leur ma-
jorité.

D'un autre côté, un
prêtre français, M. San-
tol a offert de prendre
à sa charge l'éducation
de 100 orphelins.

IX.

La Reconstruction
des Villes Mortes.

Reggio di Calabra et Messine sont écroulées, elles ne sont plus, elles sont mortes.
Renaîtront-elles de leurs cendres ? — Nos lecteurs ont vu que M. Giolitti a formellement

Reggio. — Maisons au quai.

étages. Leurs légères maisons de bois sont flexibles : elles se balancent pendant les tempêtes de la terre, mais elles ne s'écroulent que rarement. A Messine même, on voit, presque intactes, des maisonnettes, à côté des ruines d'imposants palais. Si l'on reconstruit Messine, il s'agit donc de faire d'elle un séjour moins périlleux que par le passé. Dans l'article publié dans le présent ouvrage, le savant Camille Flammarion préconise la résurrection de Messine sur le modèle des villes à maisons basses de la campagne du Krakatoa. Il semble bien que le gouvernement italien a compris sa mission en cette affaire.

Le roi d'Italie a demandé à l'empereur du Japon d'envoyer un certain nombre d'ingénieurs japonais afin de fournir d'utiles renseignements aux architectes italiens. D'autre part des ingénieurs et des architectes italiens quitteront bientôt Rome pour le Japon, afin d'étudier sur place les prin-

déclaré a la Chambre italienne que les villes dévastées seront rebâties.

Rebâties ! La nouvelle Messine ! Pourquoi pas ? On peut et on doit reconstruire Messine et Reggio, mais à la condition, toutefois, de tenir compte des volontés expresses de la nature, plus puissante que les hommes d'affaires. C'est en cela que les Japonais se sont montrés de tout temps infiniment plus sagaces que les Italiens.

Le Japon est beaucoup plus éprouvé encore que la Sicile par les tremblements de terre. Dans ce pays, les secousses sont perpétuelles. Mais les Japonais n'ont point la prétention d'édifier, sur leur sol tourmenté, des constructions en pierre, où se superposent cinq ou six

Ruines d'une maison à Reggio.

Le malheureux que l'on voit ici mi enseveli sous les décombres, assura au roi
qu'il allait parfaitement bien, quoiqu'il était ainsi emprisonné depuis trois jours.

...cipes de construction des maisons japonaises à l'abri
de mouvements telluriques.

* * *

Voilà qui est parfait. Est-ce à dire que la
Messine nouvelle vandra la vieille Messine la
Messine antique, celle des Grecs, des chevaliers
normands ? Ce serait presque un crime de
lèse-Poésie que de le croire.

Ecoutons Matilde Sérao, l'exquise auteur
napolitaine. Jamais la douleur d'une peuple ne
s'est mieux réfléchie dans l'âme d'une grande
artiste :

Naples, 9 janvier 1909.

Puisque, de mes yeux morts, je ne dois plus les
voir, ni Messine, ni Reggio, je les ferme, ces yeux
égarés et fatigués ; et je te revois devant ma fantaisie.
Messine, belle Messine, toute blanche, sur le bord de
la mer, toute blanche comme une cité d'Orient devant
les lignes ineffables de ta Marine, je te revois, belle
Messine, perle précieuse de la Sicile, noble Messine,
douce Messine, où la vive intelligence des hommes, la
beauté des femmes, la grâce des enfants, la courtoise
liberté du peuple rendaient la vie si facile et si aima-
ble ; je te revois comme en une vision de lumière et
de bleu frémissant. Messine de ce jour, Messine de ce
dernier jour, où je te quittai, soupirant de nostalgie,
malgré que le navire me transportât vers l'ardent et
mystérieux pays d'Egypte !

Perle, perle de Sicile, toi, Messine, qui étais aimée
du prince, du poète, du navigateur, parce que tu étais
hospitalière, parce que tu étais propre et gaie, parce
que tout, en toi, était charme et magie, perle de Sicile,
écrasée et brûlée !

Je te revois dans mon imagination, comme en un
rêve lointain, plein de regrets, plein de douleurs,
chère ville de Reggio, charmante ville de la fée Mor-
gane, tout environnée par la verdure luisante de tes
bois d'orangers, toute parfumée par l'odeur enivrante
de tes bergamotes ; Reggio, imprégnée de soleil blond,
imprégnée d'azur, dans ton ciel, dans ton air, dans
ta mer ; Reggio, honneur de la Calabre bleue ; Reggio,
cité sacrée dans le mythe des premiers siècles ; Reggio, cité sacrée dans la légende et sacrée dans la tradi-
tion ; Reggio, cité chantée par les poètes et exaltée
par les historiens, toi aussi brisée et rasée au sol !

Et ce n'est pas seulement moi qui ne vous verrai
plus ; mais tous ceux qui vous visitèrent pour une
heure ou pour un jour, mais tous ceux qui vécurent
dans votre sein pour une semaine ou pour un mois,

vous, joyau de la Sicile, joyau de la Calabre, vous, Messine, vous Reggio, aucun de nous, de près ou de loin, ne vous apercevra jamais plus, fières, gaies, molles de lignes, en une gloire de lumière, sur les eaux magiques et traîtresses du Phare! Ah! il est vrai, il est bien vrai, que cent millions viendront, que cent cinquante millions viendront, et que les deux villes seront reconstruites par la pitié et la générosité du monde entier! Quand? Peut-être dans trente ans elles seront reconstruites; et nous serons morts alors et nous nous reposerons alors pour toujours avec tous nos rêves et toutes nos visions, de bien, de mal, d'horreur, de douceur, et nous ne saurons plus rien de villes et de paysages, de ciel et de mer, car nous dormirons notre dernier sommeil, le sommeil qui n'a point de songes. Par un miracle, on les rebâtira peut-être en quinze ans, en dix ans, Reggio, Messine, par un miracle d'amour et de douleur, et nous pourrons les voir, encore, avant de partir pour le grand voyage. Mais ce sera une autre Messine, ce sera une autre Reggio, ce seront deux villes nouvelles, diverses, différentes, avec des aspects singuliers, avec des rues, des monuments, des églises que nous ne reconnaîtrons pas. Les villes anciennes, *les nôtres*, ont disparu, emportées et ensevelies, en une aube de décembre, en peu d'instants terribles, disparues, pour toujours!

MATILDE SERAO.

Survivants d'un village de la côte en route pour Messine

Écoutons encore les vers de circonstance publiés par M. Jules Blois.

Tu songeais, souriante et câline, ô Sicile,
Mollement accoudée au divan de la mer,
Entre l'Afrique énorme et l'Italie agile,
Écoutant, dans l'air pur comme un chant de Virgile.
L'écho lointain de Naple et les cris du désert.

Tout à coup les Démons des vagues, les Furies
Souterraines, dardant leurs sulfureux flambeaux
Ont ravagé ta couche et tes rives fleuries...
Elle n'est plus, Messine aux blanches reveries,
Que décombres hurlants, incendie et tombeaux !

Ô toi qui vis passer le navire d'Ulysse
Fendant avec sa proue oblique le flot bleu,
Tu vois, pour soulager ton deuil et ton supplice,
Les cuirassés géants frôler de leur hélice
Tes flancs d'amphore grecque aux blessures de feu.

Autrefois tu craignais le Titan volcanique
Dont le courroux fut par Empédocle affronté...
Aujourd'hui le mystère augmente la panique ;
Et le fléau, rué sur ton sol hellénique,
Vient d'un gouffre que nul humain n'a visité.

Autrefois Théocrite, au versant des collines,
Évoquait les amours des pâtres jouvenceaux...
Le silence des morts couvre les voix divines,
Et ce sont des sanglots que jettent aux ruines
La source d'Aréthuse et le chant des roseaux...

Île odorante autant qu'une chambre d'ivresse,
Si tes monts redoutés sont couverts de frimas,
Avec tes orangers le Soleil blond te tresse
Un diadème pur d'amour et de caresse ;
Tes chemins sont sacrés comme ceux de Damas !

Tu guériras, Sicile adorable et meurtrie,
Princesse italienne aux destins éclatants ;
Ils renaîtront bientôt tes palais de féerie,
Afin que soit toujours plus belle ta patrie ;
Car les Latins seront vainqueurs dans tous les temps.

———

Conclusion.

Il y a une conclusion à déposer. La voici :
c'est que jamais, à aucune époque de l'histoire
humaine, les différents peuples n'ont été aussi
unanimes à secourir leurs frères en détresse.
Cette constatation est la plus belle, la plus con-
solante moralité à tirer du drame Sicilien. Le
criminaliste Lombroso, si souvent tenté de
voir les choses en noir, n'a pu s'empêcher de
faire cette constatation et d'en exprimer sa sa-
tisfaction comme suit :

« Pour le psychologue et le sociologue, un spectacle
merveilleusement rassurant pour l'avenir de notre
race, est cette explosion spontanée, immédiate et
puissante d'amour, de pitié, de secours qu'un tel désastre a soulevée dans le monde entier, — pitié et

Escapés se sauvant par la route.

secours qui n'ont connu ni barrières de races et de patries, ni antipathies de religions, ni limitations de castes ou de culture !

« De ces offres beaucoup dérivent de la sagesse évoluée des sociétés supérieures, beaucoup de la générosité chevaleresque et traditionnelle dont le peuple français est un exemple éclatant, beaucoup de la sympathie que ce coin d'Italie eut la vertu d'exciter par le sourire de sa beauté qui enchanta les yeux et fit tressaillir les âmes ; mais les plus nombreuses vinrent de ce noble et pur instinct de solidarité humaine, d'entr'aide qui est au fond de tout homme et qui nous montre que l'idée de la paix universelle n'est plus un paradoxe. »

Oui, les hommes se sont montrés sous leur plus beau jour ; ils ont fait éclater des trésors de commisération et de générosité à la fin de l'an 1908 et au commencement de l'an 1909. Puisse cet élan de civilisation épurée se maintenir et se développer de plus en plus au cours du XX° siècle.

Quant à nous, gens du Nord, qui foulons sans crainte une terre solidifiée, compacte, ne nous laissons plus séduire par le radieux mirage des mers d'azur, des jardins embaumés et des villas achéennes : ces enchantements sommeillent sur un sol mal équilibré.

Jules TELLIER.

25 janvier 1909.

ÉTABLISSEMENT VAN OS - DE WOLF, IMPRIMEUR - ÉDITEUR, RUE DE BOM, 49 - 51, ANVERS.